图灵程序
设计丛书

程序员的
算法趣题

[日] 增井敏克 著　　绝云 译

人民邮电出版社
北　京

图书在版编目（CIP）数据

程序员的算法趣题 /（日）增井敏克著；绝云译
. -- 北京：人民邮电出版社，2017.7（2023.5重印）
（图灵程序设计丛书）
ISBN 978-7-115-45923-7

Ⅰ . ①程… Ⅱ . ①增… ②绝… Ⅲ . ①程序设计
Ⅳ . ① TP311.1

中国版本图书馆 CIP 数据核字（2017）第 130676 号

内 容 提 要

本书是一本解谜式的趣味算法书，从实际应用出发，通过趣味谜题的解谜过程，引导读者在愉悦中提升思维能力、掌握算法精髓。此外，本书作者在谜题解答上，通过算法的关键原理讲解，从思维细节入手，发掘启发性算法新解，并辅以 Ruby、JavaScript 等不同语言编写的源代码示例，使读者在算法思维与编程实践的分合之间，切实提高编程能力。

本书适合已经学习过排序、搜索等知名算法，并想要学习更多有趣算法以提升编程技巧、拓展程序设计思路的程序员，以及对挑战算法问题感兴趣、爱好解谜的程序员阅读。

◆ 著　　　　　[日]增井敏克
　　译　　　　　绝　云
　　责任编辑　　杜晓静
　　执行编辑　　高宇涵　　侯秀娟
　　责任印制　　彭志环

◆ 人民邮电出版社出版发行　　　北京市丰台区成寿寺路 11 号
　　邮编　100164　　电子邮件　315@ptpress.com.cn
　　网址　https://www.ptpress.com.cn
　　北京虎彩文化传播有限公司印刷

◆ 开本：880×1230　1/32
　　印张：9.75　　　　　　　2017 年 7 月第 1 版
　　字数：320 千字　　　　　2023 年 5 月北京第 4 次印刷
　　　　著作权合同登记号　图字：01-2016-4462 号

定价：69.80 元
读者服务热线：(010)84084456-6009　印装质量热线：(010)81055316
反盗版热线：(010)81055315
广告经营许可证：京东市监广登字 20170147 号

版 权 声 明

译者序

作为程序员，大家也许会有这样的"小洁癖"：特别不能忍受重复劳动，特别讨厌"人肉运维"。因此，只要做某件事需要花 90 秒以上的时间，那么就一定要通过写程序来完成这件事，哪怕写程序要花费半个小时。乍一听，这似乎是在浪费时间，然而这正是大部分优秀程序员的特质。一方面，如果是做重复的事情，计算机通常做得比人更快，准确率也更高；另一方面，写成程序之后，这些重复的流程更易于变更、管理和复用。事实上，正因为无数"有洁癖"的前辈们的伟大工作，才有了编译器，才有了百花齐放的编程语言，才有了欣欣向荣的 IT 产业。

不过，如果只是养成了"一言不合就写脚本"的习惯，与真正优秀的程序员仍然有很大的差距。同样是排序，不同的数据规模、不同的算法实现，性能表现都相差巨大。同样地，做同一件事，不同的程序员的解法和效率也天差地别。程序员圈内一直流传这样的说法："优秀程序员的生产力可以达到普通程序员的十倍甚至成百上千倍。"ACM 圈子里的高手，各种复杂精巧的算法信手拈来，应对极其复杂的问题时编码也如庖丁解牛，行云流水般顺畅；顶级的程序员甚至能创造世界级的工具，或者开创一种流派，影响大部分程序员的工作和思维方式。这种差距，真就像不同算法之间复杂度的差距一样明显，让人望而生畏。

见贤思齐。要怎么做才能步入"优秀程序员"的行列呢？抛开数学、各种计算机理论的基础不谈，也许最能量化程序员能力的就是"代码量"了。读更多优秀的代码，就能知道更多好的架构、好的算法；写更多的代码，解决问题的速度就更快，生产力也就更高。提高代码量这个简单粗暴的方法，效果的确立竿见影，于是乎一大批在线编程解题网站应运而生。而本书正是源于日本一个 IT 服务网站 CodeIQ 上的在线编程解题栏目"本周算法"。这个栏目的主编就是本书作者，他"寓教于题"，通过精心设计的问题向大家传授了很多算法、程序优化技巧甚至工程架构方面的经验等。

本书可以看作是一本算法书，与其他编程类、算法类图书最大的不同有两点：其一是所有问题都贴近生活和实际应用，兼具实用性和趣味性；其二是以虚拟的人物形象和实际的代码进行讲解，重点向读者演示不同思路、不同解决方案之间的区别和差距。公交车上如果设置自动找零的装置，应该怎么实现？怎样实现一个简单的扫地机器人，让它尽量不要重复清扫某一个角落？如何串联和并联组合一堆电阻，使得最终电阻值逼近黄金分割值？像这样接地气、有意思的问题，书中比比皆是。讲解求斐波那契数列某一项的问题时，作者先由递归切入，后讲查表法优化，最后引出实际实现时需要处理数值溢出的问题。全书的讲解都像这样层层深入、条分缕析。

　　本书共 4 章，每一章都由很多问题构成。第 1 章讲的是最基础的二进制，通过实例帮助大家理解二进制，进而用二进制解决实际问题；第 2 章 ~ 第 4 章则分别从工程、算法和架构几个方面切入不同的算法优化案例。此外，个别问题下还会设置专栏，穿插一些作者在软件工程甚至人才培育等方面的理解和经验。

　　关于本书，最推荐的阅读方式是读完题先停下来想想解法。此时最好能打开电脑，打开编辑器，先试着把题做出来。做完之后再往下读，顺着作者的分析和解答细细体会问题背后的算法思路。书中每一个问题都汇集了作者以及 CodeIQ 网站大量用户的集体智慧，相信做完题再作对比，一定可以收获不少新的体会。如果您发现了更好的解法，希望您可以到图灵社区（http://www.ituring.com.cn/）或者本书的代码仓库（https://github.com/leungwensen/70-math-quizs-for-programmers）上和大家分享交流，共同进步。

　　最后，成书不易，非常感谢图灵各位编辑的帮助和指导，也感念这将近一年时间里家人的理解和包容。

绝云

2017 年 4 月 5 日于杭州

前言

计算机的世界每天都在发生着深刻的变化。新操作系统的发布、CPU 性能的提升、智能手机和平板电脑的流行、存储介质的变化、云的普及……这样的变化数不胜数。

在这样日新月异的时代中，"算法"是不变的重要基石。要编写高效率的程序，就需要优化算法。无论开发工具如何进化，熟识并能灵活运用算法仍然是对程序员的基本要求。

程序员的工作说白了就是把需求变为程序。人们希望计算机做的事情就是"需求"，实现需求的就是"程序"。能满足需求的程序肯定不止一种，我们需要从中挑选出最优的程序。

这里的难点在于，怎样判断一个程序是不是最优的。不同的人对"优秀的算法"有着不同的理解。我认为，优秀的算法需要满足以下 3 点。

（1）高速

即使是简单实现后在处理上会花很长时间的程序，有时候转换一下角度进行优化，就能得到一个高速的版本。根据算法内容的不同，有时候优化的效果不仅仅是速度提升 2 倍、3 倍，甚至提升 100 倍、1000 倍的情况也不少见。

（2）简化

如何简化输入条件将会决定最终代码的复杂度。越是简单的程序，可维护性越高。

（3）通用

如果我们在实现程序时有意识地把通用的处理封装起来，那么就能把源代码用于其他问题或者工作需求上。如果实现的程序即便输入值或者参数发生变更，代码改动也很小，那么测试往往也能简化。

我很喜欢这么一句话：阅读量决定了学习能力的上限，写作量决定了学习能力的下限。这是因提出"百格计算"[①]而闻名的岸本裕史先生说的话，个人觉得这对编程也是适用的。要想磨练编程技巧只有两个途径：一是阅读代码，二是编写代码。

[①] 岸本裕史先生于昭和 40 年代（1965—1974 年）提出的儿童数学运算训练方法。在 10×10 的格子的最左一列和最上一行随机填入 0~9 的数字，并在左上角的空格里指定运算符号（加减乘除），按照运算符号计算行与列中两个数字的运算结果，然后将结果填入该行与该列对应交叉的那个空格里。————译者注

不存在没有读过其他人写的代码的程序员。很显然，也不存在没有写过代码的程序员。越是编程技巧高超的开发者，读过的代码越多，写过的代码也越多。

数据结构和算法的学习尤为重要。多了解堪称无数先驱智慧结晶的算法，多亲身体会这些算法的效果对程序员非常重要。

本书为那些已经学习过排序、搜索等知名算法，并想要学习更多有趣的算法，进一步提升编程技巧的工程师准备了 69 道数学谜题形式的问题。

当然，本书中的算法并不是最优的。请怀着这样的心态，努力去思考更加优秀的算法。

致谢

在提供 IT 工程师业务技能评估服务的平台 CodeIQ（https://codeiq.jp）上有一个名为"本周算法"的栏目。我在这个栏目中担任出题人，这一年多来每周都会公布一个算法趣题。本书中的问题就是出自这个栏目。当然，对于原问题，这里进行了些许修改和补充。感谢策划了该栏目的大成弘子女士、每周在我出题后进行检查的峯亚由美女士，以及其他 CodeIQ 相关的工作人员。

最后，还要感谢积极参与"本周算法"挑战的各位答题者。正是因为有你们，我才能持续不断地出题，最终让本书得以付梓。真的非常感谢大家。

增井敏克

2015 年 10 月

本书概要

　　本书为 69 道数学谜题编写了解题程序。每个问题大致分为"问题页"和"讲解页"两部分，"问题页"从单页起。请各位先通读问题描述，并动手编写程序尝试解题。在这个过程中，具体的实现方法是其次，更重要的是思考"通过哪些步骤来实现才能够解决问题"。

　　翻过问题页就能看到思路讲解和源代码示例了。请留意自己编程时在处理速度、可读性等方面进行的优化，和本书上的源代码示例有什么不同。如果事先看了思路讲解和答案，就会失去解题的乐趣，所以这里建议大家先编程解题，再看讲解页。

问题页

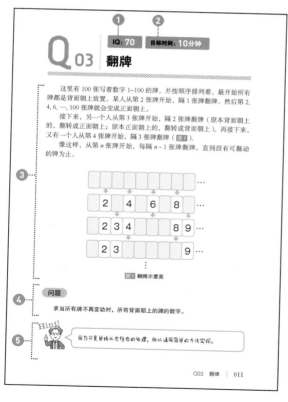

①IQ

本书问题的难度逐章递增，每道题的IQ就是一个更加明确的难度提示。

②目标时间

解题需要的标准思考时间。

③问题的背景

为让读者更容易理解，这里描述了问题的背景。

④问题

这里是问题描述，在读者了解背景后设问，引导读者编程并解题。

⑤提示

有助于解题的提示。

讲解页

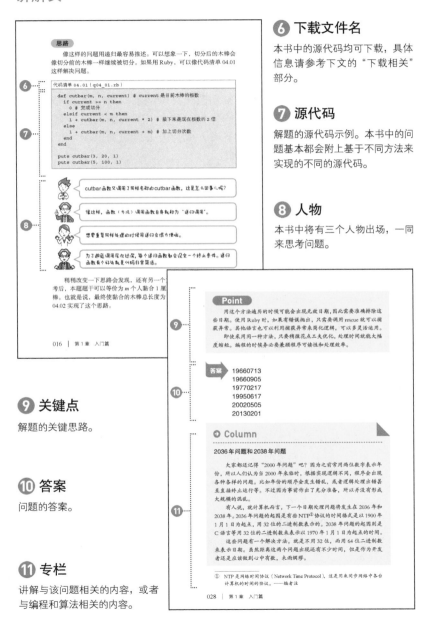

思路

像这样的问题用递归最容易描述。可以想象一下，切分后的木棒会像切分前的木棒一样继续被切分。如果用 Ruby，可以像代码清单 04.01 这样解决问题。

❻ 代码清单 04.01（q04_01.rb）

```ruby
def cutbar(m, n, current)  # current 是目前木棒的根数
  if current >= n then
    0  # 完成切分
  elsif current < m then
    1 + cutbar(m, n, current * 2)  # 接下来是现在根数的 2 倍
  else
    1 + cutbar(m, n, current + m)  # 加上切分次数
  end
end

puts cutbar(3, 20, 1)
puts cutbar(5, 100, 1)
```

❼

❽
- cutbar 函数又调用了同样名称的 cutbar 函数，这是怎么回事儿呢？
- 像这样，函数（方法）调用函数自身叫称为"递归调用"。
- 想要重复同样处理的时候使用递归会很方便。
- 为了避免调用周而过深，等个递归函数都会设定一个终止条件。递归函数有个好处就是代码非常简洁。

稍稍改变一下思路会发现，还有另一个考后，本题题干可以等价为 m 个人黏合 1 厘棒。也就是说，最终使黏合的木棒总长度为04.02 实现了这个思路。

016 | 第 1 章 入门篇

---

❻ **下载文件名**

本书中的源代码均可下载，具体信息请参考下文的"下载相关"部分。

❼ **源代码**

解题的源代码示例。本书中的问题基本都会附上基于不同方法来实现的不同的源代码。

❽ **人物**

本书中将有三个人物出场，一同来思考问题。

---

❾ **Point**

用这个方法遍历的时候可能会出现无效日期，因此需要准确排除这些日期。使用 Ruby 时，如果有错误被抛出，只需要调用 rescue 就可以捕获异常。其他语言言也可以利用捕获异常来简化代码逻辑，可以多灵活运用。

即使采用同一种方法，只要精准抛花点儿地优化，处理时间就能大幅度缩短。编程的时候务必要兼顾程序可读性和处理效率。

❿ **答案**
```
19660713
19660905
19770217
19950617
20020505
20130201
```

Column

2036 年问题和 2038 年问题

大家都还记得"2000 年问题"吧？因为之前常用两位数字表示年份，所以人们以为当 2000 年来临时，根据实现逻辑不同，程序会出现各种各样的问题。比如年份的顺序异常出现，或者逻辑理中出错甚至直接停止运行等。不过因为事前作出了充分准备，所以并没有形成大规模的混乱。

有人说，就计算机而言，下一个日期处理问题将发生在 2036 年和 2038 年。2036 年问题的起因是有些 NTP[①] 协议的时间格式是以 1900 年 1 月 1 日为起点，用 32 位的二进制数表示的。2038 年问题的起因则是 C 语言用 32 位的二进制数表示以 1970 年 1 月 1 日为起点的时间。

这些问题有一个解决方法，就是不用 32 位，而用 64 位二进制数表示。虽然距离这两个问题还有不少时间，但是作为开发者还是应该做到心中有数，未雨绸缪。

① NTP 是网络时间协议（Network Time Protocol），这是用来同步网络中各台计算机的时间的协议。——编者注

028 | 第 1 章 入门篇

---

❾ **关键点**

解题的关键思路。

❿ **答案**

问题的答案。

⓫ **专栏**

讲解与该问题相关的内容，或者与编程和算法相关的内容。

出场人物介绍

吉田

在 SE 股份有限公司上班的年轻程序员。文科出身，偶然间撞见前辈在兴致高昂地编程，深感震撼，并立志成为工程师。好不容易才掌握了基本的编程技能，但是从学生时代起数学就是他的短板。

山崎

吉田的上司。在进度管理方面很严苛，但总是能耐心和大家交流。喝酒也很豪爽，深受部下尊敬。和吉田相反，山崎从小就喜欢数学，是公司"数学之美座谈会"（会员两名）的主力。

前辈

SE 股份有限公司前员工，自由职业者。现在经常以业余活动参与者的身份出入公司，常常给公司的后辈灌输编程的乐趣。从前在公司工作时，因为超人的编程速度，留下了"手指比一般人多两根""晚上的时候第三只眼会睁开"的传说。

下载相关

本书讲解页上记载的源代码可以通过以下链接下载（点击"随书下载"）：

`URL` http://www.ituring.com.cn/book/1814

下载文件的著作权为作者以及出版社（翔泳社）所有。未经允许，不能通过网络传播，或者发布在 Web 站点上。

此外，源代码在以下执行环境中验证过：
- Ruby 2.2.3
- JavaScript 1.8
- C 语言 C99 (GCC)

目录

第1章 入门篇 ★
尝试用编程解决问题 ··· **001**

第2章 初级篇 ★★
解决简单问题 体会算法效果 ··················· **039**

第3章 中级篇 ★★★
优化算法 实现高速处理 ···································· 117

第4章 高级篇 ★★★★

第 章

入门篇

★

尝试用编程解决问题

二进制和十进制

有不少人虽然听说过计算机内部是基于二进制进行处理的，但没办法进一步理解这个概念。事实上，屏幕上显示的文字、图像，或者音乐、视频等，在计算机中都是基于二进制存储的。这里先介绍一下二进制。

首先想想日常使用的数字。数数时我们都是 0, 1, 2, …, 9, 10, 11, …, 98, 99, 100, 101 这样数下去的。把这里用到的数字拆开来之后，会发现就只有 0~9 这 10 个数字。十进制就是使用这 10 个数字来表示数的数字系统。

与此类似，二进制只使用 0 和 1 来表示数。即使位数增加，每个数位上也只会是这两个数字之一，因此用二进制来数数则是 0, 1, 10, 11, 100, 101, 110, 111, 1000, 1001, …。

十进制数 3984 由 3 个 1000（$=10^3$）、9 个 100（$=10^2$）、8 个 10（$=10^1$）和 4 个 1（$=10^0$）组成。同样地，二进制数 1011 由 1 个 8（$=2^3$）、0 个 4（$=2^2$）、1 个 2（$=2^1$）和 1 个 1（$=2^0$）组成。

也就是说，二进制数 1011 是 8 + 0 + 2 + 1，对应十进制数 11。反过来，知道十进制数要求二进制数时，则是用这个数除以 2，得到的商再除以 2，再用这一步得到的商除以 2，直到商变为 0。最后，把过程中得到的余数逆序排列就能得到相应的二进制数。

举个例子，如果给定十进制数 19，则求对应的二进制数的过程如下。

$$19 \div 2 = 9 \text{ 余 } 1$$
$$9 \div 2 = 4 \text{ 余 } 1$$
$$4 \div 2 = 2 \text{ 余 } 0$$
$$2 \div 2 = 1 \text{ 余 } 0$$
$$1 \div 2 = 0 \text{ 余 } 1$$

从下往上排列余数后就可以得到二进制数 10011。

回文数

如果把某个数的各个数字按相反的顺序排列，得到的数和原来的数相同，则这个数就是"回文数"。譬如123454321就是一个回文数。

问题

求用十进制、二进制、八进制表示都是回文数的所有数字中，大于十进制数10的最小值。

例）9（十进制数）= 1001（二进制数）
　　　　= 11（八进制数）

※本例中的十进制数9小于10，因此不符合要求。

表1 十进制数、二进制数和八进制数示例

十进制数	二进制数	八进制数
0	0	0
1	1	1
2	10	2
3	11	3
4	100	4
5	101	5
6	110	6
7	111	7
8	1000	10
9	1001	11
10	1010	12
11	1011	13
12	1100	14
13	1101	15
14	1110	16
15	1111	17
16	10000	20

"回文数"这个词还是第一次听说呢。是不是像"妈妈爱我，我爱妈妈"这样的？

是的。像"妈妈爱我，我爱妈妈"这样的句子就是"回文"，而问题里是数字的排列组合，因此称为"回文数"。

很有趣啊。二进制数和十进制数我用得比较多，八进制数没用过，但思路应该是一样的吧？

Hint!

八进制使用的数字是0~7这8个，剩下的就和二进制的规律一致了。

思路

因为是二进制的回文数，所以如果最低位是 0，那么相应地最高位也是 0。但是，以 0 开头肯定是不恰当的，由此可知最低位为 1。

如果用二进制表示时最低位为 1，那这个数一定是奇数，因此只考虑奇数的情况就可以。接下来可以简单地编写程序，从 10 的下一个数字 11 开始，按顺序搜索。譬如用 Ruby 就可以通过下面的代码找到符合条件的数（代码清单 01.01）。

```
代码清单 01.01（q01_01.rb）
# 从 11 开始搜索
num = 11
while true
  if num.to_s == num.to_s.reverse &&
    num.to_s(8) == num.to_s(8).reverse &&
    num.to_s(2) == num.to_s(2).reverse
    puts num
    break
  end
  # 只搜索奇数，每次加 2
  num += 2
end
```

 Ruby 把数转换成二进制或者八进制时，只需要调用 to_s 方法就可以了呢。

 通过给整数实例（Integer）的 to_s 方法传递参数，不仅可以转换成二进制、八进制，也可以转换成十六进制。

 Ruby 的字符串还内置了 reverse 方法，只需要调用这个方法就可以得到逆序字符串，这个功能非常方便。

下面试着用 JavaScript 实现同样的逻辑。JavaScript 里没有内置把字符串逆序的标准函数，因此首先需要封装一个返回逆序字符串的方法，其他流程则和代码清单 01.01 中的一致。JavaScript 版本的实现如代码清单 01.02 所示。

代码清单 01.02（q01_02.js）

```
/* 为字符串类型添加返回逆序字符串的方法 */
String.prototype.reverse = function (){
  return this.split("").reverse().join("");
}

/* 从 11 开始搜索 */
var num = 11;
while (true){
  if ((num.toString() == num.toString().reverse()) &&
      (num.toString(8) == num.toString(8).reverse()) &&
      (num.toString(2) == num.toString(2).reverse())){
    console.log(num);
    break;
  }
  /* 只搜索奇数，每次加 2 */
  num += 2;
}
```

比 Ruby 版本多出来的就是一开始的返回逆序字符串的方法啊。

实现思路是把字符串分割成数组，再逆序拼装成字符串。

既然数组有逆序处理接口，为什么字符串不提供这个功能呢？

Point

很多语言都提供了把整数转换成二进制数或者八进制数的方法。表 2 汇总了代表性语言的相关函数或者方法，不过 C 语言并没有提供直接转换的接口。

表2 各编程语言中进制转换的接口

语言	二进制数	八进制数	十六进制数
Ruby	to_s(2)	to_s(8)	to_s(16)
PHP	decbin	decoct	dechex
Python	bin	oct	hex
JavaScript	toString(2)	toString(8)	toString(16)
Java	toBinaryString	toOctalString	toHexString
C#	Convert.ToString	Convert.ToString	Convert.ToString 或者 ToString("X")

 不同编程语言里相应的接口名称都不一样啊，记住这些太麻烦了。

 首先还是要掌握一门自己擅长的语言，理清这门语言的特征。

 的确是这样，只要掌握了一门语言，其他语言就只需要学习相关的使用方法就可以了。

 答案 585

$\left(\begin{array}{l}\text{二进制数是 1001001001}\\\text{八进制数是 1111}\end{array}\right)$

大家小时候可能也玩过"组合车牌号里的 4 个数字最终得到 10"的游戏。

组合的方法是在各个数字之间插入四则运算的运算符组成算式,然后计算算式的结果(某些数位之间可以没有运算符,但最少要插入 1 个运算符)。

例) $1234 \rightarrow 1 + 2 \times 3 - 4 = 3$

$9876 \rightarrow 9 \times 87 + 6 = 789$

假设这里的条件是,组合算式的计算结果为"将原数字各个数位上的数逆序排列得到的数",并且算式的运算按照四则运算的顺序进行(先乘除,后加减)。

那么位于 100~999,符合条件的有以下几种情况。

351　→　$3 \times 51 = 153$

621　→　$6 \times 21 = 126$

886　→　$8 \times 86 = 688$

问题

求位于 1000~9999,满足上述条件的数。

加入运算符倒是不难,难的是如何计算算式吧。

利用编程语言内置的函数或者功能就很简单哦。

思路

解决这个问题时，"计算算式的方法"会影响实现方法。如果要实现的是计算器，那么通常会用到逆波兰表示法[①]，而本题则是使用编程语言内置的功能来实现更为简单。

很多脚本语言都提供了类似 eval 这样的标准函数。譬如用 JavaScript 实现时，可以用代码清单 02.01 解决问题。

代码清单 02.01（q02_01.js）

```
var op = ["+", "-", "*", "/", ""];
for (i = 1000; i < 10000; i++){
  var c = String(i);
  for (j = 0; j < op.length; j++){
    for (k = 0; k < op.length; k++){
      for (l = 0; l < op.length; l++){
        val = c.charAt(3) + op[j] + c.charAt(2) + op[k] +
            c.charAt(1) + op[l] + c.charAt(0);
        if (val.length > 4){ /* 一定要插入1个运算符 */
          if (i == eval(val)){
            console.log(val + " = " + i);
          }
        }
      }
    }
  }
}
```

第 10 行中的 eval 就是本题的关键点，接下来只是选择和设置运算符了。虽然有比较深的循环嵌套，但只要确定了位数就没有问题。

的确，如果只是对比和评估字符串的算式，这样实现就足够了。

我发现一旦用了"*"以外的任意运算符，最终的结果就凑不够4位数了。

说得很对。用"+"时，最大的值只有 999 + 9 = 1008。逆序排列不可能得到原始值。当然，用"-"也不可能。

---

① 逆波兰表示法（Reverse Polish notation，RPN）也称逆波兰记法，是由波兰数学家扬·武卡谢维奇于 1920 年引入的数学表达式，在逆波兰记法中，所有操作符置于操作数的后面，因此也被称为后缀表示法。——编者注

基于这样的考虑，如果把代码第 1 行的 op 变量设置成以下值，可以进一步提高程序执行效率。

```
var op = ["*", ""];
```

Point

如果用其他语言实现同样逻辑，需要对 0 进行特别处理。例如在 Ruby 中，"以 0 开头的数"会被当作八进制数来处理，因此必须排除以 0 开头的数。此外，也需要排除除数为 0 的情况。

我打算用 C 语言来实现一遍，但发现没有 eval 这样的函数。

很多脚本语言都提供 eval 这样的函数，但 C 语言里没有这类功能。这种情况下，可以使用"逆波兰表示法"等实现算式计算。

"逆波兰表示法"也常常出现在初学者的编程练习题中呢。

 答案 5931（5 * 9 * 31 = 1395）

➲ Column

本书以 Ruby 为主要语言编写源代码，但也有像本题一样用 JavaScript 实现的情况。凡用 JavaScript 实现时，结果都用 console.log 来输出，这个结果可以用浏览器来确认。用 Mozilla Firefox 浏览器打开加载了 JavaScript 源代码的 HTML 文件，然后打开"开发者"→"Web 控制台"（如果用 Google Chrome 浏览器，则是打开"更多工具"→"开发者工具"），就可以确认代码的执行结果了。

➲ Column

eval 函数的危险性

本题使用了 eval 函数。这个函数在计算算式等场景下非常方便，但 eval 可以做到的事情不止于此。例如，eval 还可以用来执行指令。

如果在 Web 应用中直接用 eval 执行用户输入的内容，那么用户可能会输入并让程序执行任意指令，包括不恰当的指令。举个例子，假设存在下面这样的用 PHP 编写的 Web 页面（代码清单 02.02）。

代码清单 02.02（q02_02.php）

```
<!DOCTYPE html>
<html>
<head>
<meta charset="utf-8">
<title>计算器</title>
</head>
<body>
<form method="post" action="<?php echo $_SERVER['SCRIPT_
NAME'];?>">
<input type="text" name="exp" size="30">
<input type="submit" value=" 计算 ">
</form>
<div>
<?php
if($_SERVER["REQUEST_METHOD"] == "POST"){
  $exp = $_POST["exp"];
  eval("echo $exp;");
}
?>
</div>
</body>
</html>
```

这个页面的功能就是计算表单中输入的类似 "1 + 2*3" 这样的算式，并且显示结果。正常输入算式的情况当然没有问题，但根据输入内容不同，我们还可以执行 PHP 脚本。

举个例子，如果输入 phpinfo()，那么 PHP 的版本等信息会被打印出来。从安全的角度来看，这是非常危险的。

IQ: 70　　**目标时间: 10分钟**

Q03 | 翻牌

//

　　这里有 100 张写着数字 1~100 的牌，并按顺序排列着。最开始所有牌都是背面朝上放置。某人从第 2 张牌开始，隔 1 张牌翻牌。然后第 2,4, 6, …, 100 张牌就会变成正面朝上。

　　接下来，另一个人从第 3 张牌开始，隔 2 张牌翻牌（原本背面朝上的，翻转成正面朝上；原本正面朝上的，翻转成背面朝上）。再接下来，又有一个人从第 4 张牌开始，隔 3 张牌翻牌（ 图1 ）。

　　像这样，从第 n 张牌开始，每隔 $n-1$ 张牌翻牌，直到没有可翻动的牌为止。

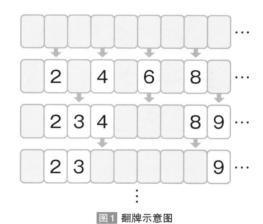

图1 翻牌示意图

问题

　　求当所有牌不再变动时，所有背面朝上的牌的数字。

Hint!

因为只是单纯从左往右的处理，所以请用简单的方法实现。

思路

只要根据问题描述，按顺序对牌进行翻转处理就可以了。用数组保存牌的状态，如果牌正面朝上，则设置值为 true，反之为 false。这样一来，我们就可以简单地模拟翻转操作了。用 Ruby 时，可以用下面这个程序来实现（代码清单 03.01）。

代码清单 03.01（q03_01.rb）

```ruby
# 初始化卡牌
N = 100
cards = Array.new(N, false)

# 从 2 到 N 翻牌
(2..N).each{|i|
  j = i - 1
  while (j < cards.size) do
    cards[j] = !cards[j]
    j += i
  end
}

# 输出背面朝上的牌
N.times{|i|
  puts i + 1 if !cards[i]
}
```

如果熟悉数组的处理，这个问题应该不难吧？

是啊。按照问题所描述的过程编码，很简单就得到答案了。

Point

代码清单 03.01 是用数组来实现的，但从左到右按顺序处理也就意味着"已经翻转过的部分不再翻转"。如果针对这一点进行优化，还可以继续简化程序，具体如代码清单 03.02 所示。

代码清单03.02（q03_02.rb）

```
(1..100).each{|i|
  flag = false
  (1..100).each{|j|
    if i % j == 0 then
      flag = !flag
    end
  }
  puts i if flag
}
```

执行这个代码后就可以正确输出答案"1、4、9、16、25、36、49、64、81、100"。从答案可以看到，结果都是"平方数"。

像这样，由2个相同的数相乘得到的就是平方数啊。

同样，由3个相同的数相乘得到的"1, 8, 27, 64, 125, 216, …"则是"立方数"，可以一起记下来。

如果翻牌操作进行了奇数次，则最后是正面朝上；如果进行了偶数次，则最后是背面朝上。也就是说，这个问题等价于"寻找被翻转次数为偶数的牌"。而翻牌操作的时机则是"翻牌间隔数字是这个数的约数时"，因此也就相当于寻找拥有偶数个"1以外的约数"的数字。

举个例子，12的约数是"1、2、3、4、6、12"这6个，也就是偶数个。把约数由小到大排列，并将两端的数按顺序相乘就可以得到原数。

例）$1 \times 12, 2 \times 6, 3 \times 4$

不过16的约数是"1、2、4、8、16"这5个，也就是奇数个。我们把约数从小到大排列，并将两端的数按顺序相乘后，会剩下正中间的数字4。

例）$1 \times 16, 2 \times 8$
※剩下的数字乘以自身就可以得到原数（$4 \times 4 = 16$）

也就是说，只有当牌面数字是平方数的时候约数才是奇数个，也就是除1以外的约数是偶数个。了解到这个规律后，即便不编程，也能知道答案。在日常工作中，动手编程之前最好也像这样好好想一想。

答案 　1, 4, 9, 16, 25, 36, 49, 64, 81, 100

◦ Column

讨厌麻烦的人比较适合做程序员吗

　　程序员是个非常有魅力的职业，他们写几行代码就能从零开始创造新的价值。从某种意义上说，这可以称得上是"发明创造"。

　　大家有时候也会谈论，适合这种职业的究竟是什么样的人呢？提到程序员，大家通常会有理工科大学毕业、宅、喜欢游戏等印象。事实上，在编程开发的前线，文科出身的程序员还是挺多的，也有很喜欢运动的程序员。

　　如果非要给出一个适合做程序员的条件，我的第一反应是"讨厌麻烦"这几个字，也就是不喜欢重复机械的工作，希望尽可能地实现自动化。如果某个工作需要花费 30 分钟进行机械重复的操作，程序员可能会为了瞬间完成工作而花费 1 个小时来编程实现。大概就是这种心境吧。

　　事实上，我学习编程的契机也是碰到了麻烦的事情。学生时期，老师告诉我，要想记住键盘上的键位，就要不断地从 A 敲到 Z。要一直重复练习，直到让屏幕填满字母。

　　我很讨厌这种重复劳动，为了轻松一点，就编写了一个自动让屏幕填满 A 到 Z 的程序。保存好这个程序之后，下一次再执行，就可以一瞬间将字母填满屏幕。

　　在那之后，每当遇到麻烦的事情，我就不断编写程序来解决，无形中就练就各种编程技巧。我与编程因琐碎小事而邂逅，如今算来都已经 20 余年了。

Q04 切分木棒

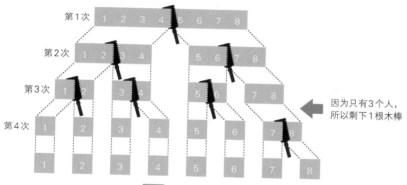

| IQ：70 | 目标时间：10分钟 |

假设要把长度为 n 厘米的木棒切分为 1 厘米长的小段，但是 1 根木棒只能由 1 人切分，当木棒被切分为 3 段后，可以同时由 3 个人分别切分木棒（图2）。

求最多有 m 个人时，最少要切分几次。譬如 n = 8，m = 3 时如下图所示，切分 4 次就可以了。

第1次
第2次
第3次
第4次

因为只有3个人，所以剩下1根木棒

图2 n = 8，m = 3 的时候

问题 1

求当 n = 20，m = 3 时的最少切分次数。

问题 2

求当 n = 100，m = 5 时的最少切分次数。

如果人数足够，每次都对半切分所有木棒应该是最快的。

Hint!

因为存在人数限制，所以诀窍在于要尽量不让人空闲下来。

思路

像这样的问题用递归最容易描述。可以想象一下，切分后的木棒会像切分前的木棒一样继续被切分。如果用 Ruby，可以像代码清单 04.01 这样解决问题。

代码清单 04.01（q04_01.rb）

```ruby
def cutbar(m, n, current) # current 是目前木棒的根数
  if current >= n then
    0 # 完成切分
  elsif current < m then
    1 + cutbar(m, n, current * 2) # 接下来是现在根数的 2 倍
  else
    1 + cutbar(m, n, current + m) # 加上切分次数
  end
end

puts cutbar(3, 20, 1)
puts cutbar(5, 100, 1)
```

 cutbar函数又调用了同样名称的cutbar函数，这是怎么回事儿呢？

 像这样，函数（方法）调用函数自身就称为"递归调用"。

 想要重复同样处理的时候用递归会很方便哦。

 为了避免调用层次过深，每个递归函数都会设定一个终止条件。递归函数有个好处就是代码非常简洁。

稍稍改变一下思路会发现，还有另一个方法可以解决问题。逆向思考后，本题题干可以等价为 m 个人黏合 1 厘米的木棒以组成 n 厘米的木棒。也就是说，最终使黏合的木棒总长度为 n 厘米就可以了。代码清单 04.02 实现了这个思路。

代码清单 04.02 (q04_02.rb)

```ruby
def cutbar(m, n)
  count = 0
  current = 1 # current 是当前长度
  while n > current do
    current += current < m ? current : m
    count = count + 1
  end
  puts(count)
end

cutbar(3, 20)
cutbar(5, 100)
```

这个思路容易理解多了。话说回来，第5行的"?"和":"是什么呀？

这是"三目运算符"，在"?"左边的条件符合的情况下执行"?"和":"之间的处理，否则执行":"右侧的处理。

就像把if语句合到一句代码中的感觉。

答案

问题1，$n = 20$，$m = 3$ 时答案为 8 次

问题2，$n = 100$，$m = 5$ 时答案为 22 次

→ Column

深度优先搜索和广度优先搜索

进行本题中这样的搜索的时候,使用"递归"是非常方便的。本题中使用的递归是"深度优先搜索",又称"回溯法",其特征是一直向下搜索,无法继续时返回。打个比方来说,这就像是读书的时候单纯地按顺序读下去(图3)。

除此以外,"广度优先搜索"也非常有用。它是一种每次穷举离出发点最近的所有节点,并对每一个节点进行详细搜索的方法。打个比方来说,这就像读书的时候先整体把握目录,再读每一章的梗概,接下来再读每一章的内容这样渐次深入的方法(图4)。

求所有答案的时候,使用深度优先搜索可以降低内存使用量。而如果要用最短路径搜索某个节点时,广度优先搜索的效率更高。

另外还有一种介于这两种之间的方法,叫"迭代深化",也就是以一定的深度进行深度优先搜索,搜索不到结果的时候再以更深的深度进行深度优先搜索,如此循环的方法。

请大家在了解这些搜索算法的特征之后,根据问题的特征和要求来选用不同的方法。

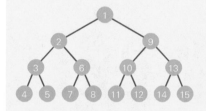

图3 深度优先搜索的搜索顺序

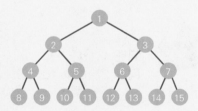

图4 广度优先搜索的搜索顺序

还在用现金支付吗

当下，坐公交或者地铁时大部分人都是刷卡的。不过，时至今日还在用现金支付的人还是比想象的多。本题我们以安置在公交上的零钱兑换机为背景。

这个机器可以用纸币兑换到 10 日元、50 日元、100 日元和 500 日元硬币的组合，且每种硬币的数量都足够多（因为公交接受的最小额度为 10 日元，所以不提供 1 日元和 5 日元的硬币）。

兑换时，允许机器兑换出本次支付时用不到的硬币。此外，因为在乘坐公交时，如果兑换出了大量的零钱会比较不便，所以只允许机器最多兑换出 15 枚硬币。譬如用 1000 日元纸币兑换时，就不能兑换出"100 枚 10 日元硬币"的组合（ 图5 ）。

问题

求兑换 1000 日元纸币时会出现多少种组合？注意，不计硬币兑出的先后顺序。

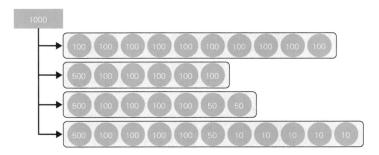

图5 兑换示例

Hint!

如果只是想解题，那看起来很简单呢。

如果游刃有余，编程时请顺带考虑一下程序的可扩展性。

思路

这道题并不复杂，单纯地解开并不是什么难事。只需要把满足条件的硬币组合——列举出来就可以了。譬如想简单地使用循环来解答时，用 Ruby 就可以实现，代码如代码清单 05.01 所示。

代码清单 05.01（q05_01.rb）

```
cnt = 0
(0..2).each{|coin500|          # 500 日元硬币最多 2 枚
  (0..10).each{|coin100|       # 100 日元硬币最多 10 枚
    (0..15).each{|coin50|      # 50 日元硬币最多 15 枚
      (0..15).each{|coin10|    # 10 日元硬币最多 15 枚
        if coin500 + coin100 + coin50 + coin10 <= 15 then
          if coin500 * 500 + coin100 * 100 +
            coin50 * 50 + coin10 * 10 == 1000 then
            cnt += 1
          end
        end
      }
    }
  }
}
puts cnt
```

 这个思路我也可以轻松理解呢，真好。

 嗯，的确非常直观。不过这种实现方式可扩展性很差吧？

 正是这样。举个例子，如果投入的纸币是 1000 日元、5000 日元或者 10000 日元呢？另外，如果最大硬币枚数改变了，循环次数也就不对了。

所以，我们需要设计可以更灵活地应对变化的算法（这里不考虑处理速度，单纯从可扩展性的角度出发），譬如代码清单 05.02 的实现方式。

代码清单 05.02（q05_02.rb）

```
coins = [10, 50, 100, 500]
cnt = 0
(2..15).each do |i|
  coins.repeated_combination(i).each{|coin_set|
    cnt += 1 if coin_set.inject(:+) == 1000
  }
end
puts cnt
```

第5行的inject(:+)是什么意思呀？第一次看到这种写法。

Ruby中，用这种写法可以求数组元素的和。

也就是说，如果存在一个[1,2,3]数组，就会计算1+2+3，返回计算结果6？

对。当然还有用循环来计算的方法，但代码清单05.02的实现更简单一些。

　　如果是这样的程序，那么即使在改变硬币面值、目标纸币面值等时，也能一眼看到要改哪些地方。

　　这个逻辑还可以利用递归来实现（代码清单05.03）。

代码清单 05.03（q05_03.rb）

```
@cnt = 0
def change(target, coins, usable)
  coin = coins.shift
  if coins.size == 0 then
    @cnt += 1 if target / coin <= usable
  else
    (0..target/coin).each{|i|
      change(target - coin * i, coins.clone, usable - i)
    }
  end
end
change(1000, [500, 100, 50, 10], 15)
puts @cnt
```

这样啊。如果用这种实现方式，只需要改一下第12行就可以应对各种变化了呢。

 能写出应对频繁需求变化的程序也是一种重要的能力。

 这种情况用递归来实现真是非常优雅呀。

 熟悉了递归之后，可以大大提升编程能力，所以一定要学会恰当应用各种编程技巧哦。

 答案 20 种

● Column

用函数式语言学习递归

虽然用过程式语言也能学习递归，但哪怕掌握一点点函数式语言，就能对理解递归有所裨益。在函数式语言里，用递归实现循环功能的做法非常普遍。也就是说，用函数式语言编程基本上离不开递归。

LISP、Scheme、Haskell 等是代表性的函数式语言，此外使用 Scala、Python 等也可以学习到函数语言的特性。可以尝试把其他语言里的循环用函数式语言的方式（不使用循环）来实现。

熟悉了这种写法后，你会发现，用递归来实现循环应该就不困难了。不过，反过来可能又会觉得把递归的写法转换成循环会比较难，所以请务必多做一些这样的写法转换训练。

Q06

IQ：75　**目标时间：15分钟**

（改版）考拉兹猜想

"考拉兹猜想"是一个数学上的未解之谜。

考拉兹猜想

对自然数 n 循环执行如下操作。

· n 是偶数时，用 n 除以 2

· n 是奇数时，用 n 乘以 3 后加 1

如此循环操作的话，无论初始值是什么数字，最终都会得到 1（会进入 $1 \rightarrow 4 \rightarrow 2 \rightarrow 1$ 这个循环）。

这里我们稍微修改一下这个猜想的内容，即假设初始值为偶数时，也用 n 乘以 3 后加 1，但只是在第一次这样操作，后面的循环操作不变。而我们要考虑的则是在这个条件下最终又能回到初始值的数。

譬如，以 2 为初始值，则计算过程如下。

$2 \rightarrow 7 \rightarrow 22 \rightarrow 11 \rightarrow 34 \rightarrow 17 \rightarrow 52 \rightarrow 26 \rightarrow 13 \rightarrow 40 \rightarrow 20 \rightarrow 10 \rightarrow 5 \rightarrow 16 \rightarrow 8 \rightarrow 4 \rightarrow 2$

同样，如果初始值为 4，则计算过程如下。

$4 \rightarrow 13 \rightarrow 40 \rightarrow 20 \rightarrow 10 \rightarrow 5 \rightarrow 16 \rightarrow 8 \rightarrow 4$

但如果初始值为 6，则计算过程如下，并不能回到初始值 6。

$6 \rightarrow 19 \rightarrow 58 \rightarrow 29 \rightarrow 88 \rightarrow 44 \rightarrow 22 \rightarrow 11 \rightarrow 34 \rightarrow 17 \rightarrow 52 \rightarrow 26 \rightarrow 13 \rightarrow 40 \rightarrow 20 \rightarrow 10 \rightarrow 5 \rightarrow 16 \rightarrow 8 \rightarrow 4 \rightarrow 2 \rightarrow 1 \rightarrow 4 \rightarrow \cdots$

问题

求在小于 10000 的偶数中，像上述的 2 或者 4 这样"能回到初始值的数"有多少个。

Hint!

如果计算得到了 1 或者初始值，就可以结束循环了。

Q06 （改版）考拉兹猜想 | **023**

思路

考拉兹猜想认为"无论初始值是什么数字，最终都能计算得到1"。这次的问题只是改变了初始值的计算形式，因此如果继续计算下去，最终还是会得到1的。

那么，下面就请试着编程，找出"在数字变为1之前，能回到初始值的数"。用 Ruby 来实现的话，可以像代码清单06.01这样写。

代码清单 06.01（q06_01.rb）

```ruby
# 检测是否形成环
def is_loop(n)
  # 最开始乘以 3 并加 1
  check = n * 3 + 1
  # 一直循环到数字变为 1
  while check != 1 do
    check = check.even? ? check / 2 : check * 3 + 1
    return true if check == n
  end
  return false
end

# 检查 2 ~ 10000 的所有偶数
puts 2.step(10000, 2).count{|i|
  is_loop(i)
}
```

 第7行又出现三目运算符了，现在看看也不是很难嘛。

 虽然本题要求的是2到10000之间符合条件的偶数，但即使把数字上限增大，也找不到更多符合条件的偶数了，好神奇啊。

 答案 　34 个

Q07

日期的二进制转换

日期的表示方式有很多种。日本用公历或者和历，美国和英国都用"/"来划分年月日，其中美国是"月 / 日 / 年"，英国则是"日 / 月 / 年"，各个国家各不相同。

问题

把年月日表示为 YYYYMMDD 这样的 8 位整数，然后把这个整数转换成二进制数并且逆序排列，再把得到的二进制数转换成十进制数，求与原日期一致的日期。求得的日期要在上一次东京奥运会（1964 年 10 月 10 日）到下一次东京奥运会（预定举办日期为 2020 年 7 月 24 日）之间。

例）日期为 1966 年 7 月 13 日时

　① YYYYMMDD 格式→ 19660713
　② 转换成二进制数→ 1001010111111111110101001
　③ 逆序排列→ 1001010111111111110101001
　④ 把逆序排列得到的二进制数转换成十进制数→ 19660713

　　　　　　　　　　　……回到 1966 年 7 月 13 日（最初的日期）

二进制在前面的 Q01 里学过了，应该没问题吧？

Hint!

这里如何处理日期是关键。特别是每个月的天数不尽相同，还需要考虑闰年的问题。

脚本语言大多都有处理日期的工具库，可以利用起来。

思路

　　大致有两种方法可以解决这个问题。一种是遵循题意，把日期转换成二进制数，再逆序排列。之前的问题里已经提到过，用 Ruby 进行二进制或者十进制转换是非常方便的。只需要按顺序遍历问题中指定的日期区间，输出符合条件的日期就可以了（代码清单 07.01）。

```
代码清单 07.01（q07_01.rb）

# 读入处理日期的 Date 库
require 'date'

# 指定遍历的日期区间
term = Date.parse('19641010')..Date.parse('20200724')

# 转换成数值
term_list = term.map{|d|d.strftime('%Y%m%d').to_i}

# 输出转换结果和自身一致的值
puts term_list.select{|d|d==d.to_s(2).reverse.to_i(2)}
```

to_s(2) 之前出现过，那 to_i(2) 是把二进制转换成十进制吗？

是的。准确地说，to_s(2) 是返回二进制字符串。因为已经转换成了字符串，所以可以直接调用 reverse 方法，从而逆序排列。然后，调用 to_i(2) 就可以把二进制字符串转换成数值。

　　这个方法很容易理解，不过存在运行次数过多的缺点。下面介绍第二种方法，就是判断一个"对称的二进制数"是不是"符合问题要求的日期"的方法。

　　把本题指定的日期区间换算成二进制可以得到如下结果。

　　19641010 是 1001010111011001010110010
　　20200724 是 1001101000011110100010100

两个数都是以1001这四位开头的呢，并且位数也都是25位。

眼光很敏锐嘛。注意到这个规律，就可以大幅削减搜索范围了。

利用这个规律通过 Ruby 实现逻辑时，代码如代码清单 07.02 所示。关键点在于为了表现出左右对称性，要分别进行左侧和右侧的处理。

代码清单 07.02（q07_02.rb）

```
# 读入处理日期的 Date 库
require 'date'

# 取出日期区间的二进制数的第 5 个字符到第 8 个字符的值
from_left = 19641010.to_s(2)[4,8].to_i(2)
to_left   = 20200724.to_s(2)[4,8].to_i(2)
# 遍历左侧和右侧的 8 个字符
from_left.upto(to_left){|i|
  l = "%08b" % i   # 左侧
  r = l.reverse    # 右侧
  (0..1).each{|m|  # 中间
    value = "1001#{l}#{m}#{r}1001"
    begin
      puts Date.parse(value.to_i(2).to_s).strftime('%Y%m%d')
    rescue        # 忽略无效日期
    end
  }
}
```

真的耶！效率提高了很多。

因为搜索范围大幅度缩小了嘛。

不过这样程序就有点儿不易读了，并且不易于扩展。如果求值区间改变了，就要考虑"哪一个方法改起来负担小一点"，从这点来看还是第一种方法比较好。

用这个方法遍历的时候可能会出现无效日期，因此需要准确排除这些日期。使用 Ruby 时，如果有错误抛出，只需要调用 rescue 就可以捕获异常。其他语言也可以利用捕获异常来简化逻辑，可以多灵活运用。

即使采用同一种方法，只要稍微花点工夫优化，处理时间就能大幅度缩短。编程的时候务必要兼顾程序可读性和处理效率。

答案

19660713
19660905
19770217
19950617
20020505
20130201

➜ Column

2036年问题和2038年问题

大家都还记得"2000 年问题"吧？因为之前常用两位数字表示年份，所以人们认为当 2000 年来临时，根据实现逻辑不同，程序会出现各种各样的问题。比如年份的顺序会发生错乱，或者逻辑处理出错甚至直接终止运行等。不过因为事前作出了充分准备，所以并没有形成大规模的混乱。

有人说，就计算机而言，下一个日期处理问题将发生在 2036 年和 2038 年。2036 年问题的起因是有些 NTP[①] 协议的时间格式是以 1900 年 1 月 1 日为起点，用 32 位的二进制数表示的。2038 年问题的起因则是 C 语言等用 32 位的二进制数来表示以 1970 年 1 月 1 日为起点的时间。

这些问题有一个解决方法，就是不用 32 位，而用 64 位二进制数来表示日期。虽然距离这两个问题出现还有不少时间，但是作为开发者还是应该做到心中有数，未雨绸缪。

---

① NTP 是网络时间协议（Network Time Protocol），这是用来同步网络中各台计算机的时间的协议。——编者注

Q08

IQ：80　**目标时间：20分钟**

优秀的扫地机器人

现在有很多制造商都在卖扫地机器人，它非常有用，能为忙碌的我们分担家务负担。不过我们也很难理解为什么扫地机器人有时候会反复清扫某一个地方。

假设有一款不会反复清扫同一个地方的机器人，它只能前后左右移动。举个例子，如果第 1 次向后移动，那么连续移动 3 次时，就会有以下 9 种情况（图6）。又因为第 1 次移动可以是前后左右 4 种情况，所以移动 3 次时全部路径有 9×4 = 36 种。

※ 最初的位置用 0 表示，其后的移动位置用数字表示。

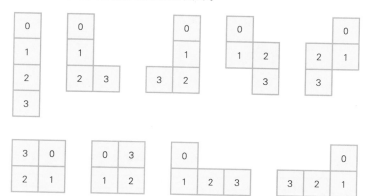

图6 移动路径示例

问题

求这个机器人移动 12 次时，有多少种移动路径？

最初3次的移动方向都很自由，从第4次开始，有些方向就不能移动了。

Q08　优秀的扫地机器人 | **029**

思路

用坐标 (0, 0) 表示最初的位置。从这个原点开始，避开已经走过的坐标，使机器人前进。用深度优先搜索就可以实现逻辑，如代码清单08.01 所示。

代码清单 08.01（q08_01.rb）

```
N = 12

def move(log)
  # 包含最初位置，一共搜索 N + 1 次
  return 1 if log.size == N + 1

  cnt = 0
  # 前后左右移动
  [[0, 1], [0, -1], [1, 0], [-1, 0]].each{|d|
    next_pos = [log[-1][0] + d[0], log[-1][1] + d[1]]
    # 如果前方是没有搜索过的点，则可以前进
    if !log.include?(next_pos) then
      cnt += move(log + [next_pos])
    end
  }
  cnt
end

puts move([[0, 0]])
```

计算下一个位置时用的 log[−1] 是从数组最后取值的意思吗？

是的。用数组来表示路径时，实现起来相当简单。

答案　324932 种

Q09 落单的男女

人们聚集在某个活动会场上，根据到达会场的顺序排成一排等待入场。假设你是活动的主办人员，想把人们从队列的某个位置分成两组。

你想要让分开的两组里每一组的男女人数都均等，但如果到场顺序不对，可能出现无论怎么分，两组都不能男女均等的情况。

举个例子，有 3 位男性、3 位女性以"男男女男女女"的顺序到场，如 图7 所示，无论从队列的那个位置分开，两组的男女人数都不均等。但如果到场顺序为"男男女女男女"，那么只需要在第 4 个人处分组就可以令分开的两组男女人数均等了。

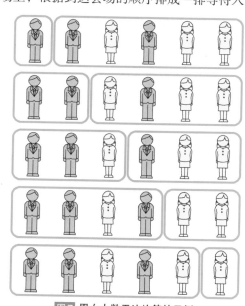

图7 男女人数无法均等的示例

问题

求男性 20 人、女性 10 人的情况下，有多少种到场顺序会导致无论怎么分组都没法实现两组男女人数均等？

Hint!

把男性和女性按顺序排列，排除男女人数均等的情况。

思路

用二维表格来表示男女到场的顺序有助于我们理解。这里假设向横轴方向移动表示男性到场，向纵轴方向移动表示女性到场，那么到场顺序可以表示为一条路径。因为求的是人数不均等的情况，所以要把男女人数相等的情况先排除掉，用图表示的话则如图8所示。

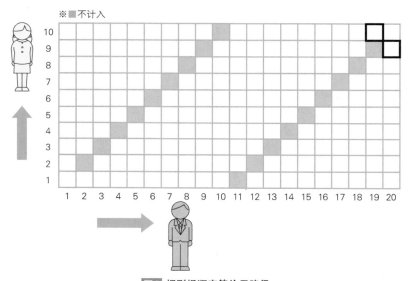

图8 把到场顺序等价于路径

 只要排除图8里这两种路径即可，一种是从左下角出发会使男女人数相等的路径，另一种是从右上角出发会使男女人数相等的路径。关键就在右上角那部分吧？

Point

为使两组男女人数都不均等，只需要求到达右上角加粗的两个方格的路径，并且统计路径个数就可以了。从图表上看，也就是"求从左下角出发，到达右上角两个方格的路径有几条"。

用 Ruby 可以实现该逻辑，代码如代码清单 09.01 所示。

代码清单 09.01（q09_01.rb）

```ruby
boy, girl = 20, 10
boy, girl = boy + 1, girl + 1
ary = Array.new(boy * girl){0}
ary[0] = 1
girl.times{|g|
  boy.times{|b|
    if (b != g) && (boy - b != girl - g) then
      ary[b + boy * g] += ary[b - 1 + boy * g] if b > 0
      ary[b + boy * g] += ary[b + boy * (g - 1)] if g > 0
    end
  }
}
puts ary[-2] + ary[-boy - 1]
```

 为什么对男生和女生人数分别加1呢？

 因为是从0个人开始计数的。20个人的时候，从0人到20人共21种情况；10个人的时候则是11种情况。最后统计部分可以从数组的右边数。在Ruby中，"-1"表示数组末尾。

同样的逻辑用 JavaScript 实现时，可以用多维数组描述（代码清单 09.02）。

代码清单 09.02（q09_02.js）

```javascript
var boy = 20;
var girl = 10;
boy += 1;
girl += 1;
var ary = new Array(girl);
for (var i = 0; i < girl; i++){
  ary[i] = new Array(boy);
  for (var j = 0; j < boy; j++){
    ary[i][j] = 0;
  }
}
ary[0][0] = 1;
for (var i = 0; i < girl; i++){
  for (var j = 0; j < boy; j++){
```

```
    if ((i != j) && (boy - j != girl - i)){
      if (j > 0){
        ary[i][j] += ary[i][j - 1];
      }
      if (i > 0){
        ary[i][j] += ary[i - 1][j];
      }
    }
  }
}
console.log(ary[girl - 2][boy - 1] + ary[girl - 1][boy - 2]);
```

答案 ➤ 2417416 种

最短路径问题的解法

本题使用了路径的思路，这种思路常常用在最短路径问题上，也就是假设存在 **图9** 所示的方格，"求从 A 到 B 的最短路径有几条" 的问题。

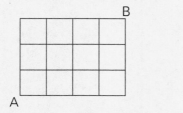

图9 求从左下出发到达终点的路径数

横向 4 步、纵向 3 步地移动也就是 "7 步中有 4 步为横向移动"，数学上就是 $_7C_4$，计算可得 35 种情况。本题用的是通过反复统计从最左列和最下列到达各个交叉点的情况，得到最终解的方法。对于复杂图形而言，这是一种行之有效的方法。

轮盘的最大值

轮盘游戏被称为"赌场女王"。庄家在转动的轮盘中投入滚珠，挑战者的神经跟随滚珠，滚珠落入押注数字的那一刻，一本千金的迷幻梦境在心头挥之不去。

流传较广的轮盘数字排布和设计有"欧式规则"和"美式规则"两种。下面我们要找出在这些规则下，"连续 n 个数字的和"最大的位置。

举个例子，当 $n = 3$ 时，按照欧式规则得到的和最大的组合是 36，11, 30 这个组合，和为 77；而美式规则下则是 24, 36, 13 这个组合，得到的和为 73（ 图10 ）。

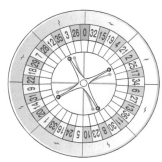

欧式规则

0, 32, 15, 19, 4, 21, 2, 25, 17, 34, 6, 27, 13, 36, 11, 30, 8, 23, 10, 5, 24, 16, 33, 1, 20, 14, 31, 9, 22, 18, 29, 7, 28, 12, 35, 3, 26

图10 数字的排布和轮盘游戏示意图

美式规则

0, 28, 9, 26, 30, 11, 7, 20, 32, 17, 5, 22, 34, 15, 3, 24, 36, 13, 1, 00, 27, 10, 25, 29, 12, 8, 19, 31, 18, 6, 21, 33, 16, 4, 23, 35, 14, 2

问题

当 $2 \leqslant n \leqslant 36$ 时，求连续 n 个数之和最大的情况，并找出满足条件"欧式规则下的和小于美式规则下的和"的 n 的个数。

Hint!

因为转盘是圆形的，所以如果用数组表示，要注意访问的元素下标。

思路

最易于理解的解法是按顺序求连续数字之和。把轮盘上的数字存储在数组里，每次把开始位置往后移动 1，从数组里读出 *n* 个连续的数字并求和。

分别求出来欧式规则和美式规则下的最大的和，然后比较。用 Ruby 实现逻辑时，代码如代码清单 10.01 所示。

代码清单 10.01（q10_01.rb）

```ruby
european = [0, 32, 15, 19, 4, 21, 2, 25, 17, 34, 6, 27, 13, 36,
            11, 30, 8, 23, 10, 5, 24, 16, 33, 1, 20, 14, 31, 9,
            22, 18, 29, 7, 28, 12, 35, 3, 26]
american = [0, 28, 9, 26, 30, 11, 7, 20, 32, 17, 5, 22, 34, 15,
            3, 24, 36, 13, 1, 00, 27, 10, 25, 29, 12, 8, 19, 31,
            18, 6, 21, 33, 16, 4, 23, 35, 14, 2]

def sum_max(roulette, n)
  ans = 0
  roulette.size.times{|i|
    tmp = 0
    if i + n <= roulette.size then
      # 不包含数组两端元素的情况
      tmp = roulette[i, n].inject(:+)
    else
      # 包含数组两端元素的情况
      tmp = roulette[0, (i + n) % roulette.size].inject(:+)
      tmp += roulette[i..-1].inject(:+)
    end
    ans = [ans, tmp].max
  }
  ans
end

cnt = 0
(2..36).each{|i|
  cnt += 1 if sum_max(european, i) < sum_max(american, i)
}
puts cnt
```

轮盘是圆形的，因此超出数组最右端时，超出部分就从数组最左端读取，是这样吧？

 说得很对，这个实现非常简单易懂。前面代码已经够用了，但 *n* 变大之后处理时间会逐渐变长。这种时候可以用类似尺蠖虫的方式，即开始位置和终止位置同时蠕动的方式优化程序性能。

Point

一开始从左往右计算 *n* 个数字的和，然后每往右移动一位，用这个和数减去最左边的数字，同时加上右边新增的数字，就得到了新的和数。用这种方法可以减少求和计算的次数（代码清单 10.02）。

代码清单 10.02（q10_02.rb）

```
european = [0, 32, 15, 19, 4, 21, 2, 25, 17, 34, 6, 27, 13, 36,
            11, 30, 8, 23, 10, 5, 24, 16, 33, 1, 20, 14, 31, 9,
            22, 18, 29, 7, 28, 12, 35, 3, 26]
american = [0, 28, 9, 26, 30, 11, 7, 20, 32, 17, 5, 22, 34, 15,
            3, 24, 36, 13, 1, 00, 27, 10, 25, 29, 12, 8, 19, 31,
            18, 6, 21, 33, 16, 4, 23, 35, 14, 2]

def sum_max(roulette, n)
  ans = roulette[0, n].inject(:+)
  tmp = ans
  roulette.size.times{|i|
    tmp += roulette[(i + n) % roulette.size]
    tmp -= roulette[i]
    ans = [ans, tmp].max
  }
  ans
end

cnt = 0
(2..36).each{|i|
  cnt += 1 if sum_max(european, i) < sum_max(american, i)
}
puts cnt
```

乍一看好像循环次数并没有减少，那不同的地方在哪里呢？

 Ruby是用inject语法实现的，看起来好像没有循环。如果用其他语言实现，就可以明显看到循环次数减少了。

 越是这样写得很简单的语言，越要理解代码背后的运行原理。inject在循环体内部还是外部，这两种情况下的处理速度差异非常大。

 答案 9个

➡ Column

代码行数越多越好吗

在真实的软件开发工程里，现在还有 LOC（Line Of Code，代码行）的提法，也就是根据代码行数来预估或者结算开发费用。当然，要累积一定规模的代码量，就需要投入一定量的时间，从而也就需要花费一定的开发费用。

这种做法还有一种好处，那就是谁都可以很方便地计量，并且给出具体数字，直观而易于交涉。不过事实上，1 行代码可以完成的处理也可以轻易地写成 10 行甚至更多行。

如果这个做法行得通，那软件公司的营业额完全可以用代码行数来计算了，但实际上这种做法不仅催生了大量劣质无用的代码，更为后期维护带来灾难。当然，代码怎么算，算什么也很有考究。是不是计算注释条数呢？每行代码长度怎么规定呢？使用什么编程语言呢？所有这些问题都会因程序员的不同而千差万别。

我觉得作为开发者，无论营业额如何，都应该怀着敬畏之心写出恰当的代码。

第 **2** 章

初级篇

★★

解决简单问题 体会算法效果

性价比意识

　　"优化处理速度"这个说法相当模糊。实际上，处理速度有各种各样的考量。比方说"执行速度"是程序内部代码的运行速度，而用户实际使用软件时感受到的则是"体感速度"，包含通信、展示等步骤的则是"显示速度"等。

　　还有人会争论"代码中使用 for 更快还是 while 更快"。不过，综合最近的计算机环境，我们可以直言"并没有什么差别"，因为关注其他方面可以得到更大幅度的效率优化。

　　举个例子，0.1 秒的处理优化到 0.05 秒就是 2 倍的效率提升。不过，这种提升大多数人应该都注意不到。然而，如果把原本需要 10 小时的处理优化到 5 小时，效果就会很明显。

　　在实际开发中，"读取大文件时显示进度条"这样改善交互的对策，比起细节的改善，对用户体感速度的影响更大。如果用户因为不能获知当前状态而不安，感觉上的处理时间会更长；而如果能知道当前的处理状态，那么可能就不会觉得处理很慢了。

　　升级硬件使之更加高速也是一个办法。最近，连嵌入式系统领域也能使用廉价而高速的硬件了。并行计算环境也逐渐完备，很多时候只要处理能力翻倍，性能方面就不会有问题。

　　程序员作为技术人员，往往会追求极致的处理速度。这不是一件坏事，不过一定要综合高速化所带来的时间消耗和最终效果等方面进行权衡。

IQ: 85　**目标时间：20分钟**

Q11　斐波那契数列

斐波那契数列因古希腊建筑《伯特农神殿》和雕塑《米罗的维纳斯》上出现的"黄金分割"而闻名，有许多有趣的数学特性。

斐波那契数列由两个1开端，其后的每一位数字都是前两位数字之和。譬如1和1的和为2，1和2的和为3，2和3的和为5，3和5的和为8……一直这样继续计算下去，就得到下面这样的数列。

1, 1, 2, 3, 5, 8, 13, 21, 34, 55, 89, …

这个数列就是"斐波那契数列"。计算这个数列中相邻两个数的商值，可以得到如 表1 所示的结果。可以看到，商值最终慢慢地趋近1.618。这就是有名的"黄金分割"的由来。

表1 斐波那契数列的数字相除运算

1/1	=	1.00000
2/1	=	2.00000
3/2	=	1.50000
5/3	=	1.66667
8/5	=	1.60000
13/8	=	1.62500
21/13	=	1.61538
34/21	=	1.61905
55/34	=	1.61765
89/55	=	1.61818

问题

如下例所示，用斐波那契数列中的每个数除以其数位上所有数字之和。请继续例中的计算，求出后续5个最小的能整除的数。

例）　2　　→　2÷2

　　　3　　→　3÷3

　　　5　　→　5÷5

　　　8　　→　8÷8

　　　21　→　21÷3　…2＋1＝3，因而除以3

　　　144　→　144÷9　…1＋4＋4＝9，因而除以9

如果能够分出各个数位上的值，后面的处理就简单了吧？

Hint!

斐波那契数列计算下去，很快数值就会变得非常大，要注意位数。

思路

在斐波那契数列中，每一个数值都是前两个数值之和。因此我们可以用递推公式，把求第 n 个值封装成如下函数，这里先用 JavaScript 实现（代码清单 11.01）。

代码清单 11.01（q11_01.js）

```javascript
function fib(n){
  if ((n == 0) || (n == 1)){
    return 1;
  } else {
    return fib(n - 2) + fib(n - 1);
  }
}
```

原来如此，用递归实现起来就很简单了呢。

不过，n 变大的时候程序执行会变慢，这一点比较难办。

那这样行不行？像代码清单 11.02 这样把已经计算过的值存到内存中，下次就不再计算了。

代码清单 11.02（q11_02.js）

```javascript
var memo = new Array()
function fib(n){
  if (memo[n] == null){
    if ((n == 0) || (n == 1)){
      memo[n] = 1;
    } else {
      memo[n] = fib(n - 2) + fib(n - 1);
    }
  }
  return memo[n];
}
```

"内存化"的方法啊。这种方法很有用，不过单是这样还是解决不了这个问题，还要考虑数值的上限。

处理大数的时候，一定要意识到数值溢出的可能性。JavaScript 标准只能处理 "$\pm 2^{53}$" 范围的数值，超出范围就无法处理。Excel 和 R 语言处理的数字位数也仅限于 15 位。

这个问题的最后答案已经超出了这个范围。前面的处理有个很麻烦的地方在于没有考虑到数值溢出的情况。

 如果用Ruby，我们就能处理位数很大的数值了，所以我用Ruby重写了一下（代码清单11.03）。

代码清单 11.03（q11_03.rb）

```ruby
@memo = {}
def fib(n)
  return @memo[n] if @memo.has_key?(n)
  if (n == 0) || (n == 1) then
    @memo[n] = 1
  else
    @memo[n] = fib(n - 1) + fib(n - 2)
  end
end
```

 的确，用Ruby可以解决位数多的数字的处理问题。不过还有不用递归的方法，譬如代码清单11.04这样的实现。

代码清单 11.04（q11_04.rb）

```ruby
a = b = 1
count = 0
while (count < 11) do
  c = a + b
  # 分开各个数位进行求和
  sum = 0
  c.to_s.split(//).each {|e| sum += e.to_i}
  if (c % sum == 0) then
    # 输出能整除的情况
    puts c
    count += 1
  end
  a, b = b, c
end
```

不会吧! 这么快! 瞬间就求出答案了。

这种解法的核心在于不停地调换 a, b, c 这三个变量的值。

Point

关注性能很重要,不过也要考虑诸如"使用的语言可以处理多少位数的数值""得到的结果是不是合适的"这样的问题。

答案
2584
14930352
86267571272
498454011879264
160500643816367088

→ Column

身边的斐波那契数列

斐波那契数列不仅仅存在于数学和算法的世界,自然界中也有很多符合黄金分割的植物,设计领域也盛传 Apple 公司的 Logo 就是黄金分割的经典设计。

股市上也有"黄金分割率",也就是 Fibonacci Ratio 这种分析股价的方法。比如,分析股价历史时把时间分为 13 周、21 周、34 周、55 周、89 周这样的区间;分析股价涨跌的时候,按照 1 和 0.618 这样的比例范围来分析等。

大家也可以试试看平时能不能把斐波那契数列作为参考,想来会很有趣。顺便提一句,我登记结婚的日子是 13 日,举办婚礼则是在 21 日,总觉得自己和斐波那契数列有点儿缘分呢。

IQ：85 **目标时间：20分钟**

平方根数字

我们初中的时候就学过平方根，说起"根"大家都应该有印象。举个例子，2 的平方根就是 ±1.414213562373095048…这个无限小数。

不只是 Excel，大部分的编程语言都内置了求平方根的函数，使用起来非常简单。

问题

求在计算平方根的时候，最早让 0~9 的数字全部出现的最小整数。注意这里只求平方根为正数的情况，并且请分别求包含整数部分的情况和只看小数部分的情况。

例）2的平方根：1.414213562373095048…
（0~9全部出现需要19位）

解答这个问题，就要关注如何把平方根各个数位上的数取出来。

关键在于要意识到小数的"有效数字"。

可以处理小数的是 float 类型和 double 类型。

这个问题只计算平方根，可以忽略"精度丢失"（loss of significance）问题。

※ 所谓精度丢失，指的是使用浮点运算执行计算结果接近0的加减运算时，有效数字的位数特别少的情况。

IEEE 754 标准常用的浮点数有"单精度浮点数"和"双精度浮点数"。其中，单精度浮点数中的 32 位包括符号位 1 位、阶码 8 位、尾数 23 位。这样，数字就可用通过下面这个式子来表示。

$$(-1)^{符号位} \times 2^{阶码-127} \times 1.尾数$$

"1.尾数"是指什么呀？

把首位设置为 1 是为了用较少的位数表示尽可能多的数字。固定首位后，就可以用 23 位来表示 24 位数字了。也就是说，符号位表示正负，"1.尾数"表示有效数位，最后 $2^{阶码-127}$ 表示位数。

"2.5"表示为二进制时，整数部分为 10，小数部分为 0.1，因此是"10.1"。按照前面的规则，把这个数字右移一位，则尾数为"1.01"，阶码是"1"。

这样一来，尾数部分开头的"1"就可以不用存储了。

Point

阶码如果不加上 127，就会是负数，所以要表示 2.5 时，阶码的值需要是 128 的二进制数"10000000"。也就是说，2.5 可以表示为"**01000 0000**01000000000000000000000"。

这样的设计可以实现用 23 位（实际上是 24 位）数来表示有效数位。因为是二进制的 23 位数，所以如果用十进制数表示，则为 $\log_{10}(2^{23}) \approx 6.92$ 位数，而实际上 24 位可用，所以是 $\log_{10}(2^{24}) \approx 7.225$ 位数。也就是说，用十进制数表示时只能正确表示 6 到 7 位有效数字。

同理可知，双精度浮点数小数点后最多能正确表示 15 位有效数字。由此可见，用"单精度浮点数"并不能解决这里的问题，必须使用"双精度浮点数"。

接下来就是如何转换成字符串的问题了……

编程语言不同,把数值转换成字符串的方法也就不相同。如果用 C 语言的 snprintf 函数等实现,问题就变成了"如何正确地指定函数参数格式";如果用"每次乘以 10 再取整数部分"这样的方法,又有可能得不到正确的结果。

脚本语言 Ruby、Python 等可以用下列方法把数值转换成字符串。

● Ruby 语言

```
1.2345.to_s
0.000012345.to_s
```

● Python 语言

```
str(1.2345)
str(0.000012345)
```

无论是 Ruby 语言还是 Python 语言,我们通过第一句代码都可以得到"1.2345",但通过第二句代码则会得到"1.23e-0.5"或者"1.2345e-0.5"这样的结果。如果我们意识到了这一点,那么只要判断后认为"这不会影响到本次的问题"就没有问题。但如果没有意识到这一点,很可能会得出预想不到的结果。

Ruby 可以通过以下两种用法防止出现这种不确定的状况。

```
sprintf('%10.10f',0.000012345)
```

```
'%10.10f'%0.000012345
```

如果用 Ruby，本次的问题可以像代码清单 12.01 这样解决。

代码清单 12.01（q12_01.rb）

```ruby
# 含有整数部分的情况
i = 1
while i += 1
  # 去除小数点，从左往右取 10 个字符
  str = ('%10.10f'%Math.sqrt(i)).sub('.','')[0..9]
  # 如果包含不重复的 10 个字符，则结束循环
  break if str.split('').uniq.length == 10
end
puts i

# 只看小数部分的情况
i = 1
while i += 1
  # 以小数点为界，只取小数部分
  str = ('%10.10f'%Math.sqrt(i)).split('.')[1]
  # 如果小数部分包含不重复的 10 个字符，则结束循环
  break if str.split('').uniq.length == 10
end
puts i
```

 Ruby里有很多sub、split和uniq这样非常方便的方法呢。

 用这样方便简单的语言自然可以，不过更希望大家用C语言等来试试看。

 答案

包含整数部分时：1362
（$\sqrt{1362}$ = 36.90528417）

不包含整数部分，即只看小数部分时：143
（$\sqrt{143}$ = 11.9582607431）

Q_{13}

有多少种满足字母算式的解法

所谓字母算式，就是用字母表示的算式，规则是相同字母对应相同数字，不同字母对应不同数字，并且第一位字母的对应数字不能是 0。

譬如给定算式 We × love = CodeIQ，则可以对应填上下面这些数字以使之成立。

W = 7, e = 4, l = 3, o = 8, v = 0, C = 2, d = 1, I = 9, Q = 6

这样一来，我们就能得到 74 × 3804 = 281496 这样的等式。使前面那个字母算式成立的解法只有这一种。

问题

求使下面这个字母算式成立的解法有多少种？

READ + WRITE + TALK = SKILL

似乎用穷举的方法就可以……

是的，穷举的确可以找到结论。不过遇到这样的问题时，最好还是先好好整理思路再下手。

Hint!

现在计算机的运算能力很强，可以通过简单穷举的办法来解决的问题也越来越多。不过编写程序最好在可复用性、计算速度等方面多下些工夫。

思路

问题限制是，相同字母对应相同数字，不同字母对应不同数字，因此如何分配 0~9 这几个数字就是问题的关键。这道题使用到的字母是 R、E、A、D、W、I、T、L、K、S 这 10 个，每个字母对应一个数字。

最直接的方法就是按顺序分配 10 个数字，也就是用简单穷举的方法。用 Ruby 实现时，代码如代码清单 13.01 所示。

```
代码清单 13.01 ( q13_01.rb )

count = 0
(0..9).to_a.permutation do |r, e, a, d, w, i, t, l, k, s|
  next if r == 0 or w == 0 or t == 0 or s == 0
  read = r * 1000 + e * 100 + a * 10 + d
  write = w * 10000 + r * 1000 + i * 100 + t * 10 + e
  talk = t * 1000 + a * 100 + l * 10 + k
  skill = s * 10000 + k * 1000 + i * 100 + l * 10 + l
  if read + write + talk == skill then
    count += 1
    puts "#{read} + #{write} + #{talk} = #{skill}"
  end
end
puts count
```

也就是说，只需要注意不要把第 1 位设置为 0，剩下的就是简单地为每个字母分配数字了。

虽然是个笨法子，但足以解决本次的问题，得到正确答案"10"。解答花的时间也在 5 秒之内，处理速度上问题不大。不过如果在实际应用中，这就算不上是合格的业务代码了。

的确如此。仅仅是换掉一个用到的单词，这个程序就要全盘推翻重写。

Point

衡量好算法的标准有很多，可读性、可复用性、处理速度、可维护性等。满足所有标准当然最好，但是特定场景下，也可能需要牺牲其中某些标准。对于这次的问题，如果追求可复用性，那么有可能会牺牲处理速度。反过来，如果追求处理速度，那算法就无法处理其他输入情况。

前面的代码对解决本题而言，可读性已经足够。即便代码没有添加注释，其处理内容也一目了然。不过，如果改变输入内容，那么就需要大量修改代码。举个例子，如果用这个代码来解决之前提及的 We × love = CodeIQ 这个算式，那么几乎所有代码都需要改写。

这里我们尝试实现一个可复用性比较强的算法。例如，下面这个示例代码就可以应对各种不同的输入（代码清单 13.02）。

代码清单 13.02（q13_02.rb）

```ruby
expression = "READ+WRITE+TALK==SKILL"
nums = expression.split(/[^a-zA-Z]/)
chars = nums.join().split("").uniq
head = nums.map{|num| num[0]}

count = 0
(0..9).to_a.permutation(chars.size){|seq|
  is_zero_first = false
  if seq.include?(0) then
    is_zero_first = head.include?(chars[seq.index(0)])
  end
  if !is_zero_first then
    e = expression.tr(chars.join(), seq.join())
    if eval(e) then
      puts e
      count += 1
    end
  end
}
puts count
```

第2行split函数的参数是什么啊？

是"正则表达式"。这句代码的作用是以字母以外的字符分割字符串。

原来如此。那第13行就是把字母替换成数字的意思吧。

试了一下其他算式，发现只需要改第1行就足够了呢。

譬如要解答本题中的示例，就只需要改成下面这样就可以。

```
expression = "We * love == CodeIQ"
```

还能处理像下面这样带括号，甚至除法的算式。

```
expression = "(a + b) * c / d == bc"
```

虽然处理速度比较慢，但用现在的计算机大概 30 秒左右就能得到答案。

最后尝试实现一个处理速度比较快的版本。像本题这样有 10 个字母的情形，一共要穷举 10！（10 的阶乘）种情况，稍微优化一下应该能缩小搜索范围。

根据问题描述的条件来看，首位不能为 0，因此可以排除这种情况。另外，本题中的 5 位数 WRITE 和 SKILL 的首位数字不同，因此从第 4 位数开始有进位操作。由于这里会进位 1 或者 2，所以需满足 W + 1 = S 或者 W + 2 = S。

另外，从倒数第 2 位可以看到，A + T + L = L。这里，考虑到从最低位进位 0 或者 1 或者 2，所以需满足推断 A + T = 8 或者 A + T = 9 或者 A + T = 10。

同样地，E + I + A = I，进位也可以和前面一样考虑，即会有 0、1、2 这三种情况，那么同样可知，E + A = 8 或者 E + A = 9 或者 E + A = 10。

组合以上这些条件可以得到下面这个程序（代码清单 13.03）。

```
代码清单 13.03（q13_03.rb）

count = 0
(0..9).to_a.permutation(6){|e, a, d, t, k, l|
  if ((a + t == 8) || (a + t == 9) || (a + t == 10)) &&
     ((a + e == 8) || (a + e == 9) || (a + e == 10)) &&
     ((d + e + k) % 10 == 1) &&
     (((a + t + 1) * 10 + d + e + k) % 100 == l * 11) then
     ((0..9).to_a - [k, e, d, l, t, a]).permutation(4){|i,
r, s, w|
       if ((r != 0) && (w != 0) && (t != 0)) &&
          ((s == w + 1) || (s == w + 2)) then
         read = r * 1000 + e * 100 + a * 10 + d
         write = w * 10000 + r * 1000 + i * 100 + t * 10 + e
```

```
      talk = t * 1000 + a * 100 + l * 10 + k
      skill = s * 10000 + k * 1000 + i * 100 + l * 10 + l
      if read + write + talk == skill then
        puts "#{read} + #{write} + #{talk} = #{skill}"
        count += 1
      end
    end
  }
 end
}
puts count
```

 虽然程序变复杂了，但是处理一瞬间就执行完了。

 这个程序不到0.1秒就可以得出答案，不过并不能用在其他算式的求解上呢。以上这些解法没有一种是绝对好的，要学会分时间和场景选用不同的解决方法。

 也要注意，如果程序变得过于复杂，那么很大概率会增加漏洞，这是一个难点。

答案 10 种

$$
\begin{pmatrix}
7092 + 47310 + 1986 = 56388 \\
7092 + 37510 + 1986 = 46588 \\
5094 + 75310 + 1962 = 82366 \\
5096 + 35710 + 1982 = 42788 \\
5180 + 65921 + 2843 = 73944 \\
5270 + 85132 + 3764 = 94166 \\
2543 + 72065 + 6491 = 81099 \\
1632 + 41976 + 7380 = 50988 \\
9728 + 19467 + 6205 = 35400 \\
4905 + 24689 + 8017 = 37611
\end{pmatrix}
$$

● Column

程序员必备的技能

本题用的字母算式是 READ + WRITE + TALK = SKILL（读 + 写 + 说 = 技能）。那程序员必备的技能又是什么呢？显然，程序员要读写源代码，所以编程语言的基础知识是必需的。面试的时候常常考察的"交流能力"等也可能很必要。

虽然本书讲的是与数学相关的算法趣题，但在实际开发中，数学的应用不会特别多。也许开发游戏的程序员需要具备坐标、旋转等知识，但大部分情况下都有很方便的工具库可以应对。

另外，由于开发的工程不同，需要的技能也会不同。做需求定义的时候，要有能编写易懂的资料的能力；开发测试用例的时候，又需要具备测试方法等技能以及"直觉"。

如果一个学生志在加入 IT 行业，他可能会去考取各种资格证书。不过我希望你们不要只学习编程本身。

一旦进入公司，投身工作之后便会发现，"了解工作内容"是至关重要的一点。如果不了解工作内容，当要把承接的需求转变为程序时，开发者就无法和用户沟通。这么一来，或许连功能需求也会不尽明了。一定要注意一点，各行各业有不同的工作内容，如果仅仅在编程上下工夫，很可能会成为"派不上用场"的程序员。

Q14

IQ: 85 **目标时间：20分钟**

世界杯参赛国的国名接龙

FIFA 世界杯对足球爱好者而言是四年一度的盛事。下面我们拿 2014 年世界杯参赛国的国名做个词语接龙游戏。不过，这里用的不是中文，而是英文字母（忽略大小写）。

表2是 2014 年 FIFA 世界杯的 32 个参赛国。

表2 2014年FIFA世界杯参赛国

Brazil	Croatia	Mexico
Cameroon	Spain	Netherlands
Chile	Australia	Colombia
Greece	Cote d'Ivoire	Japan
Uruguay	Costa Rica	England
Italy	Switzerland	Ecuador
France	Honduras	Argentina
Bosnia and Herzegovina	Iran	Nigeria
Germany	Portugal	Ghana
USA	Belgium	Algeria
Russia	Korea Republic	

举个例子，如果像下面这样，那么连续 3 个国名之后接龙就结束了（因为没有英文名称以 D 开头的国家）。

"Japan" → "Netherlands" → "Switzerland"

问题

假设每个国名只能使用一次，求能连得最长的顺序，以及相应的国名个数。

首字母都是大写，而末尾的字母有大写也有小写。

全部统一成大写就容易处理了。

思路

因为每个国名只能使用一次，所以如何标记已使用的国名就是问题的关键。标记方法有不少，以下是其中两种。

- 使用后加上标记
- 使用后直接删除

Point

要想按顺序遍历，使用循环也可以实现，不过使用递归，通过深度优先搜索的方法更加直观、简单。

先来看第一种方法"使用后加上标记"。用 Ruby 实现时，代码如代码清单 14.01 所示。

代码清单 14.01（q14_01.rb）

```ruby
# 设置一个保存世界杯参赛国的数组
@country = ["Brazil", "Croatia", "Mexico", "Cameroon",
            "Spain", "Netherlands", "Chile", "Australia",
            "Colombia", "Greece", "Cote d'Ivoire", "Japan",
            "Uruguay", "Costa Rica", "England", "Italy",
            "Switzerland", "Ecuador", "France", "Honduras",
            "Argentina", "Bosnia and Herzegovina", "Iran",
            "Nigeria", "Germany", "Portugal", "Ghana",
            "USA", "Belgium", "Algeria", "Russia",
            "Korea Republic"]
# 用于检查该国名是否使用过的标记数组
@is_used = Array.new(@country.size, false)

def search(prev, depth)
  is_last = true
  @country.each_with_index{|c, i|
    if c[0] == prev[-1].upcase then
      if !@is_used[i] then
        is_last = false
        @is_used[i] = true
        search(c, depth + 1)
        @is_used[i] = false
      end
    end
  }
  @max_depth = [@max_depth, depth].max if is_last
```

```
   end

   # 从各个国家开始搜索
   @max_depth = 0
   @country.each_with_index{|c, i|
     @is_used[i] = true
     search(c, 1)
     @is_used[i] = false
   }
   # 输出最大深度（即连续的国名个数）
   puts @max_depth
```

 为什么在递归搜索前设置标记，在递归结束后又复原呢？

 因为这里用的是全局变量。不过也可以把用于保存"是否已使用"标记的数组当作递归函数的参数。

 第17行把所有字母都转换成大写了呢，这样既清晰又易懂。

接下来是"使用后直接删除"这种方法的实现（代码清单 14.02）。

代码清单 14.02（q14_02.rb）

```
# 设置一个保存世界杯参赛国的数组
country = ["Brazil", "Croatia", "Mexico", "Cameroon",
           "Spain", "Netherlands", "Chile", "Australia",
           "Colombia", "Greece", "Cote d'Ivoire", "Japan",
           "Uruguay", "Costa Rica", "England", "Italy",
           "Switzerland", "Ecuador", "France", "Honduras",
           "Argentina", "Bosnia and Herzegovina", "Iran",
           "Nigeria", "Germany", "Portugal", "Ghana",
           "USA", "Belgium", "Algeria", "Russia",
           "Korea Republic"]
def search(countrys, prev, depth)
  # 获取所有后续可用的国名
  next_country = countrys.select{|c| c[0] == prev[-1].upcase}
  if next_country.size > 0 then
    # 如果有可用的国名，则加入队列，并除去这个国名继续递归搜索
    next_country.each{|c|
```

```
      search(countrys - [c], c, depth + 1)
    }
  else
    # 如果没有可用国名，则判断当前深度是否最大
    @max_depth = [@max_depth, depth].max
  end
end

# 从各个国家开始搜索
@max_depth = 0
country.each{|c|
  search(country - [c], c, 1)
}
# 输出最大深度（即连续的国名个数）
puts @max_depth
```

提前计算所有符合条件的后续国名，这一点非常简洁明了。

Ruby的数组操作非常灵活，所以可以写得很易读。

　　本次问题中，参赛国的数量很少，可以不考虑执行时间简单求解。但如果参赛国的数量增多，执行时间会明显变长，这就是接龙游戏的难点所在。

8 个

Korea Republic → Cameroon → Netherlands → Spain → Nigeria → Argentina → Australia → Algeria 等

※ 最后 3 个国家名字顺序可以互相替换，全部解法一共 6 种。

Q15 | 走楼梯

A 上楼梯时，B 从同一楼梯往下走。每次不一定只走 1 级，最多可以一次跳过 3 级（即直接前进 4 级）。

但无论走多少级，1 次移动所需时间不变。两人同时开始走，求共有多少种"两人最终同时停在同一级"的情况（假设楼梯宽度足够，可以相互错开，不会撞上。另外，同时到达同一级时视为结束）。

举个例子，如 图1 所示，有 4 级楼梯的时候，结果如 表3 所示，共有 4 种情况（假设每级楼梯上写着 0~4 这几个数字）。

图1 A上楼梯，B下楼梯

表3 有4级楼梯时

	A	B	移动方法
(1)	0→1→2	4→3→2	A和B都一次走1级楼梯
(2)	0→1	4→1	A移动1级，B跳过2级
(3)	0→2	4→2	A和B都跳过1级
(4)	0→3	4→3	A跳过2级，B跳过1级

问题

求当存在 10 级楼梯，且移动规则相同时，有多少种两人最终同时停在同一级的情况？

Hint!

A和B都是简单按顺序移动，思路还是比较简单的。

请尽量想出一种楼梯级数变大也能快速处理的方法。

从"两人最终同时停在同一级"可知，A 如果已经比 B 所处的级数大，那么搜索就可以结束了。A 和 B 分别从不同位置出发，每次改变前进级数并进行递归搜索。用 Ruby 实现时，代码如代码清单 15.01 所示。

代码清单 15.01（q15_01.rb）

```
N = 10         # 楼梯级数
STEPS = 4      # 一次最大前进级数

def move(a, b)
  return 0 if a > b    # 如果A级数比B大，则结束搜索
  return 1 if a == b   # 如果停在同一级，则算入结果
  cnt = 0
  (1..STEPS).each{|da|
    (1..STEPS).each{|db|
      cnt += move(a + da, b - db) # 递归搜索
    }
  }
  cnt
end

# A从位置0开始，B从位置N开始
puts move(0, N)
```

 又是递归啊。这里的终止条件不止一个呢，真有意思。

 这种问题属于用递归就可以简化实现的典型例子。不过如果楼梯级数超过20，计算时间就会比较长。

 不如用前面的Q11里提到过的内存化方法？

下面这个实现的处理速度就很快（代码清单 15.02）。

代码清单 15.02（q15_02.rb）

```
N = 10          # 楼梯级数
STEPS = 4       # 一次最大前进级数

@memo = {}

def move(a, b)
  return @memo[[a,b]] if @memo.has_key?([a, b])
  return @memo[[a,b]] = 0 if a > b    # 如果A级数比B大，则结束搜索
  return @memo[[a, b]] = 1 if a == b  # 如果停在同一级，则算入结果
  cnt = 0
  (1..STEPS).each{|da|
    (1..STEPS).each{|db|
      cnt += move(a + da, b - db)  # 递归搜索
    }
  }
  @memo[[a, b]] = cnt
end

# A从位置0开始，B从位置N开始
puts move(0, N)
```

 不错啊，内存化是相当有用的方法。下面再来实现与之类似的解法吧，也就是"动态规划算法"。

Point

所谓动态规划算法，就是不使用递归实现与内存化类似处理的方法。本题条件下，可以计算 t 次移动后所处的楼梯级数。从上往下走的 B 所处级数的可能情况如表4。

表4 B所处级数的可能情况

级数	0	1	2	3	4	5	6	7	8	9	10
第1次	0	0	0	0	0	0	1	1	1	1	0
第2次	0	0	1	2	3	4	3	2	1	0	0
第3次	6	10	12	12	10	6	3	1	0	0	0
...											

两人同时到达某一级，可以等价为"一人经过偶数次移动到达相反位置"，因此可以像代码清单 15.03 这样实现。

代码清单 15.03（q15_03.rb）

```
N = 10        # 楼梯级数
STEPS = 4     # 一次最大前进级数

dp = Array.new(N + 1, 0)      # 统计 t 次移动后的位置
cnt = 0
dp[N] = 1                     # 设置初始值

N.times{|i|                   # 移动次数（最大 N）
  (N + 1).times{|j|           # 移动的位置
    (1..STEPS).each{|k|
      break if k > j
      dp[j - k] += dp[j]
    }
    dp[j] = 0                 # 清除移动位置
  }
  cnt += dp[0] if i % 2 == 1  # 经过偶数次移动到达相反位置
}
puts cnt
```

只用循环就实现了，内存使用量非常少啊。

处理时间上内存化和动态规划算法差不多，这两种解法都会，真是厉害啊。

用这两种方法，就算是 100 级的楼梯也可以马上得出答案。一旦实际体验过内存化和动态规划的效果，一定会对它们爱不释手的，建议大家尝试一下这两种算法。

201 种

Q16 | 3根绳子折成四边形

假设分别将3根长度相同的绳子摆成3个四边形。其中2根摆成长方形，剩下1根摆成正方形。这时，会出现2个长方形的面积之和等于正方形面积的情况（假设长方形和正方形的各边长都为整数）。

例）绳子长度为20时，可以折出以下这些正方形和长方形。

　　　第1根　长1×宽9的长方形　→　面积 = 9
　　　第2根　长2×宽8的长方形　→　面积 = 16
　　　第3根　长5×宽5的正方形　→　面积 = 25

进一步改变绳子长度并摆成长方形和正方形，统计满足条件的长方形和正方形的组合。这里，将同比整数倍的结果看作同一种解法。

例）绳子长度为40, 60, …时，可以通过对上例进行等比运算得出以下这些正方形和长方形的组合，但要将它们看作同一种解法，所以这一类只统计为1种。

　　● 绳子长度 = 40

　　　　第1根　长2×宽18的长方形　→　面积 = 36
　　　　第2根　长4×宽16的长方形　→　面积 = 64
　　　　第3根　长10×宽10的正方形　→　面积 = 100

　　● 绳子长度 = 60

　　　　第1根　长3×宽27的长方形　→　面积 = 81
　　　　第2根　长6×宽24的长方形　→　面积 = 144
　　　　第3根　长15×宽15的正方形　→　面积 = 225

问题

求绳子长度从1增长到500时，共有多少种组合能使摆出的2个长方形面积之和等于正方形的面积？

Hint!

寻求数学解法也是一种思路哦。

思路

这个问题中共有 5 个变化的数字，即第 1 个长方形的"长"和"宽"，第 2 个长方形的"长"和"宽"，以及第 3 个正方形的"边长"。

图2 变化的数字

这里，如果绳子的长度定了，那么正方形的"边长"自然也就定了。

 正方形的边长就是绳子长度的四分之一。

另外，如果长方形的"长"定下来了，那么"宽"也就定了。根据这些信息，可以依次改变绳子长度，并计算长方形和正方形的面积。

 长定下来后，宽就是绳子总长度除以2再减去长。

 对。也可以看作正方形边长的2倍减去长。

 我们可以限定长方形的长始终比正方形的边长短，这没问题吧？

 即便长宽互换，长方形还是那个长方形，所以这么想没有问题。

如果用 Ruby 实现，代码如代码清单 16.01 所示。

```
代码清单 16.01（q16_01.rb）

MAX = 500

answer = []
(1..MAX/4).each{|c|                  # 正方形边长
  edge = (1..(c-1)).to_a.map{|tate| tate * (2 * c - tate)}
  edge.combination(2){|a, b|   # 长方形面积
    if a + b == c * c then
      answer.push([1, b / a.to_f, c * c / a.to_f])
    end
  }
}
answer.uniq!                         # 去除整数倍的情况
puts answer.size
```

 代码清单16.01用来解题已经满足要求。不过从数学的角度去看，还有下面这样的思路。

Point

如果把正方形的边长设为 c，那么正方形的面积就是 c^2。因为周长相等，所以其中一个长方形的长和宽可以表示如下。

$c - x, c + x$（将正方形边长增减 x）

那么这个长方形的面积就是 $(c - x)(c + x)$，也就是 $c^2 - x^2$。剩下的长方形面积则是 $c^2 - (c^2 - x^2)$，也就是"平方数"。

同理可知，第一个长方形的面积也一定是平方数。总结一下就是，这些四边形的面积满足等式 $a^2 + b^2 = c^2$。也就是说，只需要求满足勾股定理的整数 a, b, c 的组合就可以了。

该问题中，周长上限为 500，斜边最长为 500 ÷ 4 = 125。又因为"同比整数倍的结果看作同一种解法"，因此 a 和 b 的最大公约数应该为 1。

用 Ruby 实现时，代码如代码清单 16.02 所示。

代码清单 16.02（q16_02.rb）

```
MAX = 500

cnt = 0
(1..MAX/4).each{|c|        # 正方形边长
  (1..(c-1)).to_a.combination(2){|a, b|
    if a * a + b * b == c * c then
      cnt += 1 if a.gcd(b) == 1
    end
  }
}
puts cnt
```

 感觉这种方法更简单、更容易实现呢。

 顺便提一下，如果长和宽互换也看作不同长方形，那么只需要把代码中的combination改为permutation即可。其实还有一种思路，就是第1根绳子和第2根绳子互换后也看作是不同的长方形。

 在Ruby这样的语言里，combination、permutation这样的方法可以省不少事啊。

 也要多尝试一下别的语言啊。

 答案 **20 种**

（ 如果长和宽互换也算不同的长方形，则是 40 种

如果前两根绳子互换也算不同的长方形，则是 80 种 ）

Q17

IQ：85　　**目标时间：20分钟**

挑战 30 人 31 足

以前有个电视节目，全国各地的小学生在这个节目里参加"30 人31 足"竞赛。后来电视剧里也出现过这些小学生练习的场景，并且全国大赛时小学生们表现出来的速度也曾引人注目。

下面探讨一下什么样的排列顺序在"30 人 31 足"比赛里比较有利。多个女生连续排列，体力上会处于劣势，所以原则是尽量不让女生相邻（男生可以连续排列）。

问题

求 30 个人排成一排时，一共有多少种有利的排列方式？假设这里只考虑男女的排列情况，不考虑具体某个人的位置。举个例子，4 个人（4人 5 足）的情况下如 图3 所示，共有8 种排列方式。

图3　"4人5足"的时候共有8种排列方式

嗯，也就是怎么安插女生的位置吧……考虑这样的排列组合可不简单啊。

Hint!

与其考虑所有人的排列情况，不如看看一个人一个人地增加的方法，这样可能简单一些……

思路

在满足条件的排列方法中，"每次添加一人，并保证女生不会连续排列"这种方法相对简单。那么，当 n 人排列时，如果最右边是男生，则"加一个男生或者一个女生"；如果最右边是女生，则"只能加一个男生"。

随时都可以加男生，而能加女生的就只有右边是男生的情况。这样的思路也没错吧？

你发现了一个很关键的点，我们可以用Ruby实现这个思路，如代码清单17.01所示。

代码清单 17.01（q17_01.rb）

```ruby
# 用字符表示男女
@boy, @girl = "B", "G"
N = 30

def add(seq)
  # 到达排列人数上限，终止递归
  return 1 if seq.size == N

  # 未满30人时，加男生，当右边为男生时加女生
  cnt = add(seq + @boy)
  cnt += add(seq + @girl) if seq[-1] == @boy
  return cnt
end

# 从男生或者女生开始
puts add(@boy) + add(@girl)
```

使用递归可以写出简洁易懂的代码呢。

的确如此。不过如果只有几个人，计算倒是挺快，但30个人就要处理一段时间了。试试看能不能优化一下吧。说到性能优化，之前已经介绍过内存化和动态规划算法，下面介绍一种不同的优化思路。

Point

如果已经排列了 $n-1$ 个人，则

- 如果第 $n-1$ 个人是男生，则第 n 个人可以是男生也可以是女生
- 如果第 $n-1$ 个人是女生，则第 n 个人只能是男生

也就是说，

- 如果第 n 个人是男生，则第 $n-1$ 个人可以是男生也可以是女生
- 如果第 n 个人是女生，则第 $n-1$ 个人只能是男生

基于前面的分析，实现还可以简化，如代码清单 17.02 所示。

```
代码清单 17.02（q17_02.rb）

N = 30
boy, girl = 1, 0
N.times{|i|
  # 求已排列 n-1 人时的状态
  boy, girl = boy + girl, boy
}
puts boy + girl
```

真的假的！？这么短的代码就可以解决问题了！？

因为只作了人数次循环，所以几乎瞬间就求得答案了。100人101足的情况也可以只用100次循环就计算出最后结果。

Point

我们还可以再换个角度来看，具体如下。

- 如果第 n 个人是男生，则第 $n-1$ 个人可以是男生也可以是女生
- 如果第 n 个人是女生，则第 $n-1$ 个人只能是男生

也相当于下面这样：

- 如果最后一个人是男生，则排列方式数与 $n-1$ 个人时一致
- 如果最后一个人是女生，则第 $n-1$ 个人是男生… 排列方式数与
  $n-2$ 个人时一致

这个好像在哪里看到过……

就是"斐波那契数列"吧？Q11里提到过的。

是的。这个问题的关键在于是否能看出统计数字变化符合斐波那契数列的规律。

也就是说，"所求数＝前面的数＋再前面的数"[1]，也就是 $f(n) = f(n-1) + f(n-2)$）。这就是斐波那契数列公式。

求斐波那契数列的方法除去本书提及的之外，网上也有很多实例可供参考，可以多做调研。

答案 2178309 种

● Column

转换视角的重要性

看到这个问题一下子想到斐波那契数列的人非常少见。小范围测试一下会发现，一般人一开始要么会着重分析整体排列顺序，要么会转换视角，从而发现书里解说的第一个解法。

事实上，平时的编程工作往往也是这样。程序通常一次性开发后就结束了。测试通过之后，同一段代码就可以直接继续使用。这里不推荐"重新造轮子"，建议遇到问题时参考已有的程序。

大多数情况下，人们都是在"处理效率太低""程序运行不正常"的时候，才会去改动当初写的代码。而事实上，无论有没有更好的方法，最可惜的都是没有去发掘更优解法的想法。

建议大家养成用不同思路去编程的"怪癖"。虽然"知易行难"，遇到问题即便仅仅过了一天之后再重新思考，也或许会有意想不到的收获。

---

[1] 即 n 个人时的排列方式数＝$n-1$ 人时的排列方式数＋$n-2$ 人时的排列方式数。

——编者注

Q_{18}

IQ: 90　**目标时间: 25分钟**

水果酥饼日

日本每月的 22 日是水果酥饼日。因为看日历的时候，22 日的上方刚好是 15 日，也就是"'22'这个数字上面点缀着草莓"[①]。

切分酥饼的时候，要求切分后每一块上面的草莓个数都不相同。假设切分出来的 N 块酥饼上要各有"1~N 个（共 N(N + 1) ÷ 2 个草莓）"。

但这里要追加一个条件，那就是"一定要使相邻的两块酥饼上的数字之和是平方数"。

举个例子，假设 N = 4 时采用如 图4 的切法。这时，虽然 1 + 3 = 4 得到的是平方数，但"1 和 4""2 和 3""2 和 4"的部分都不满足条件（ 图4 ）。

图4 不满足条件的切法示例

问题

求可以使切法满足条件的最小的 N(N > 1)。

只要提前准备好平方数列表，就可以简单实现了。

---

① 如果将日语的 15 拆为 1 和 5 发音，则与日语"草莓"一词发音相同，而水果酥饼中最为著名的就是草莓酥饼。同时，日历中 15 总在 22 的上面，故有此说法。

——译者注

思路

这个问题关键在于如何验证平方数。为验证相邻两数之和是否是平方数，只要预先准备好平方数就相对简单了。因为相邻两块酥饼上的草莓个数最多也不会超过 N 的 2 倍，所以可以事先计算好。

 准确地说，相邻两个酥饼上的草莓个数之和最大应该是 $N + (N - 1)$ $= 2N - 1$ 个。

切分后的酥饼是围成圆形的，首先固定最开始的一块酥饼，并假设这块酥饼上的草莓个数为 1。因为其他切法都可以通过旋转酥饼得到，所以这个假设的前提是成立的。

然后顺时针分配放置的草莓个数，保证每次放置的草莓个数都符合条件，直到最后一块上的数字和最初的 1 相加也得到平方数。用 Ruby 实现时，代码如代码清单 18.01 所示。

代码清单 18.01（q18_01.rb）

```ruby
def check(n, pre, log, square)
  if n == log.size then
    # 全部放置结束
    if square.include?(1 + pre) then
      # 1 和最后一个数之和为平方数时
      puts n
      p log
      return true # 只要找到 1 种解法就结束
    end
  else
    ((1..n).to_a - log).each{|i| # 遍历没有被使用的数字
      if square.include?(pre + i) then
        # 如果和前一个数之和为平方数
        return true if check(n, i, log + [i], square)
      end
    }
  end
  false
end

n = 2
while true do
  # 事先计算平方数（最大值为 n 的 2 倍）
```

```
    square = (2..Math.sqrt(n * 2).floor).map{|i| i ** 2}
    break if check(n, 1, [1], square)
    n += 1
  end
```

这个问题也能用递归写得这么简洁明呢。

请务必用其他语言试一下。预先计算好相邻能组合成平方数的数字，
处理过程还可以更快。下面还是用Ruby实现的例子（代码清单
18.02）。

代码清单 18.02（q18_02.rb）

```
  def check(last_n, used, list)
    # 已经全部使用，如果和最初的 1 相加能得到平方数，则结束递归
    return [1] if used.all? && (list[1].include?(last_n))
    list[last_n].each{|i|            # 逐一尝试候补数字
      if used[i - 1] == false then   # 没有全部使用的情况
        used[i - 1] = true
        result = check(i, used, list)
        # 找到的时候，添加这个值
        return [i] + result if result.size > 0
        used[i - 1] = false
      end
    }
    []
  end

  n = 2
  while true do
    square = (2..Math.sqrt(n * 2).floor).map{|i| i ** 2}
    # 找到可以作为相邻数字的候补数字
    list = {}
    (1..n).each{|i|
      list[i] = square.map{|s| s - i}.select{|s| s > 0}
    }
    # 把 1 设置为已使用，从 1 开始搜索
    result = check(1, [true] + [false] * (n - 1), list)
    break if result.size > 0
    n += 1
  end
```

```
puts n
p result
```

32

草莓的放置方案如下：

$$\begin{pmatrix} 1, 8, 28, 21, 4, 32, 17, 19, 30, 6, 3, 13, 12, 24, 25, 11, 5, 31, \\ 18, 7, 29, 20, 16, 9, 27, 22, 14, 2, 23, 26, 10, 15 \end{pmatrix}$$

➔ Column

编程语言的选择方式

世界上的编程语言有很多，所有的都学习当然是不可能的。因此从有代表性的编程语言里选出一门作为自己专攻的语言是很有必要的。从事编程工作的人可能有工作环境的限制，在学校学习编程语言的学生也有课程的限制，所以都不能使用指定语言以外的语言。不过，个人学习的时候，还是可以自由选取语言的。

没有一门绝对通用的编程语言，只有在某种环境、某个实现需求的前提下，才存在比较合适的编程语言。如果要实现一个 Web 应用，那么会有更多人选择 PHP、Java、Ruby 或者 Perl 等，而不是 C。在主机编程领域，至今 COBOL 还扮演着重要的角色。如果追求处理速度，C 语言是一个比较合理的选择，而开发 Android 应用则一般会用 Java。

学习编程的时候，最好不要局限于某一门语言。本书主要使用 Ruby 和 JavaScript。使用 Ruby 是因为有大量接口简单的库，并且比较适合用来讲解；使用 JavaScript 则是因为几乎所有读者都有它的运行环境。另外，用 JavaScript 实现的代码也相对容易移植到其他语言上。

希望大家试着用最少两门的语言去实现，并且尽量对比两门语言的特征差异，而且最好要选择两门类型不同的语言。养成从不同视角看待问题的习惯后，技巧也会得到提升。

　　"六度空间理论"非常有名。大概的意思是 1 个人只需要通过 6 个中间人就可以和世界上任何 1 个人产生间接联系。本题将试着找出数字的好友（这里并不考虑亲密指数）。

　　假设拥有同样约数（不包括 1）的数字互为"好友"，也就是说，如果两个数字的最大公约数不是 1，那么称这两个数互为好友。

　　从 1~N 中任意选取一个"合数"，求从它开始，要经历几层好友，才能和其他所有的数产生联系（所谓的"合数"是指"有除 1 以及自身以外的约数的自然数"）。

　　举个例子，$N = 10$ 时，1~10 的合数是 4、6、8、9、10 这 5 个。

　　如果选取的是 10，那么 10 的好友数字就是公约数为 2 的 4、6、8 这 3 个。而 9 是 6 的好友数字（公约数为 3），所以 10 只需要经过 2 层就可以和 9 产生联系（图5）。如果选取的是 6，则只需经过 1 层就可以联系到 4、8、9、10 这些数字。因此 $N = 10$ 时，无论最初选取的合数是什么，最多经过 2 层就可以与其他所有数产生联系。

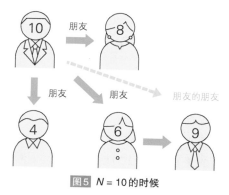

图5　$N = 10$ 的时候

问题

　　求从 1~N 中选取 7 个合数时，最多经过 6 层就可以与其他所有数产生联系的最小的 N。

思路

要解决这个问题，首先要正确理解问题中出现的词。首先是"合数"。

问题里提到了，是"有除1以及自身以外的约数的自然数"。

那么，与合数相对的是什么数字呢？

那就是"没有除1以及自身以外的约数"，所以是质数吧。

其次是"公约数"这个词。小学的时候，我们就做过求最大公约数的题。公约数的意思就是"共同的约数"。这里，拥有共同约数的数字互为"好友"，那么就需要求最大公约数非1的情况。

从1~N中选取7个合数，且"最多经过6层"，那么可以得知，我们要找的是"由2个数相乘得到的数字"的组合。这样的话，乘法运算中的这2个数就会成为公约数。

举个例子，选出a~h这些数。简单地说就是，当7个数字分别是以下的形式时，经过6层就能与其他所有数产生联系。

a×b, b×c, c×d, d×e, e×f, f×g, g×h

※这里a~h这些数字必须"互质"。

"互质"是什么意思啊？

指的是2个整数之间，除了1或者−1以外没有其他公约数。在这个问题中，拥有共同约数的数字就是"好友"，那么前面的设计就可以使只有相邻2个数字才互为"好友"。

更进一步考虑，也可以像本题中的例子一样，把第 1 个数字设置成"平方数"（即 4），也就是说变成下面这样的组合更好。

a×a, a×b, b×c, c×d, d×e, e×f, f×g

末尾如果同样设置成平方数就会变得更小，也就是变成下面这样的组合。

a×a, a×b, b×c, c×d, d×e, e×f, f×f

用 Ruby 可以像代码清单 19.01 这样实现。

代码清单 19.01（q19_01.rb）

```ruby
require 'prime'

primes = Prime.take(6)        # 用 6 个质数充当 a~f
min = primes[-1] * primes[-1] # 把最小数字设置成最大质数的平方
min_friend = []

primes.permutation{|prime|     # 按顺序排列的 6 个质数
  # 按顺序选取 2 个数字作乘法
  friends = prime.each_cons(2).map{|x, y| x * y}
  # 开头和结尾是相同数字的平方
  friends += [prime[0], prime[-1]].map{|x| x * x}
  if min > friends.max then    # 更新最小数字的情况
    min = friends.max
    min_friend = friends
  end
}

puts min
p min_friend
```

因为要求互质的数字，所以用prime来选取了质数，对吧？

 是的。从6个质数中最小的数字开始选，可以得到满足条件的最小的数字。

 给数组索引传入"-1"作为下标，就可以取到数组的最后一个元素呢。这里还封装了求质数的库，用Ruby真是方便啊。

 也一定要思考一下用其他语言怎么实现哦。

答案 55

$$\left(\begin{array}{l} 满足条件的组合为： \\ [4, 26, 39, 33, 55, 35, 49] \end{array} \right)$$

➲ Column

辗转相除法

谈到算法，就不得不提"辗转相除法"。这是求最大公约数的方法，被称为"世界上最古老的算法"。本题中求"两数互质"时，如果将其看作"两数最大公约数为1"，则也能用上这种算法。

辗转相除法常常被视作算法的代表出现在 C 语言这类编程语言的入门书中，而像 Ruby 这样的语言本身就内置了求最大公约数的函数 gcd。毫无疑问，辗转相除法至今仍然是非常重要的算法。

即使是这些平时很常用的方便的函数，如果能自己动手实现一遍，也会有新的发现。推荐大家试一下。

Q20

IQ：80　**目标时间：20分钟**

受难立面魔方阵

　　西班牙有个著名景点叫圣家堂，其中"受难立面"上主要画着耶稣从"最后的晚餐"到"升天"的场景，其中还有一个如 图6 所示的魔方阵，因"纵、横、对角线的数字之和都是 33"而闻名（据说耶稣辞世时是 33 岁）。

　　如果不局限于由纵、横、对角线的数字相加，那么和数为 33 的组合有 310 种之多（网上有很多"4 个数字相加……"这样的问题，如果限定只能由 4 个数字相加，则是 88 种）。

1	14	14	4
11	7	6	9
8	10	10	5
13	2	3	15

图6 受难立面魔方阵

问题

　　使用这个魔方阵，进行满足下列条件的加法运算，求"和相同的组合"的种数最多时的和。

【条件】

● 不限于由纵、横、对角线上的数字相加

● 加数的个数不限于 4 个

※ 能得出 33 这个"和"的组合共有 310 种。因此，如果组合数没有超过 310 种，那么最后答案就是 33。

Hint!

　　这里是穷举所有加法运算的组合，注意尽量优化处理速度。

思路

这是关于魔方阵的问题，这次的问题只涉及加法运算，所以不需要关心数字的排列方式。我们可以生成任意多个组合，然后对这些组合进行加法运算，得出结果，统计最常出现的和即可。按照问题描述，用 Ruby 可以像代码清单 20.01 这样实现。

代码清单 20.01（q20_01.rb）

```ruby
# 把魔方阵保存到数组
magic_square = [1, 14, 14, 4, 11, 7, 6, 9,
                8, 10, 10, 5, 13, 2, 3, 15]

# 用于统计的哈希表
sum = Hash.new(0)
1.upto(magic_square.size){|i|
  # 对组合进行全量搜索
  magic_square.combination(i){|set|
    # 把组合的和统计保存到哈希表
    sum[set.inject(:+)] += 1
  }
}

# 输出出现次数最多的和
puts sum.max{|x, y| x[1] <=> y[1]}
```

执行这个程序，可以得到正确答案"66"。

我不太理解最后一行的"{}"中的内容。

在 Ruby 中，哈希表中使用 max 或者 sort 方法的时候，是对 key 进行重排。要对"值"进行重排，则要像代码清单 20.01 一样实现。

仔细看看，和为 66 的有 1364 种情况呢！

这里的魔方阵上只有 16 个数字，运行程序后几乎一瞬间就可以得到答案。但如果改为 6×6 的魔方阵，就要花费不少处理时间。这里稍微优化一下，每次设置 1 个数字，并且复用已计算出的和。

基于上述思路实现时，代码如代码清单 20.02 所示。

代码清单 20.02（q20_02.rb）

```
# 把魔方阵保存到数组
magic_square = [1, 14, 14, 4, 11, 7, 6, 9,
                8, 10, 10, 5, 13, 2, 3, 15]
sum_all = magic_square.inject(:+)

# 用于统计的哈希表
sum = Array.new(sum_all + 1){0}
# 初始值（没有加任何值时为 1）
sum[0] = 1
magic_square.each{|n|
  # 从大数开始按顺序作加法
  (sum_all - n).downto(0).each{|i|
    sum[i + n] += sum[i]
  }
}

# 输出出现次数最多的和
puts sum.find_index(sum.max)
```

试了一下，即使是 6×6 的魔方阵也能一瞬间就处理完呢。

很多时候只要转换一下思路，处理时间就可以大幅度减少。平时也要多转换角度想一下哦。

答案 **66**

（有 1364 种组合）

● Column

到国外去

　　大家都出过国吗？如果已经工作了，那长时间休假的机会就很少了。很多人即便假期很多，也会选择在家里待着，悠哉悠哉。

　　我曾经不愿意出国。一方面觉得网上可以找到景点照片，另一方面，外国景点的商品也可以网购得到。有时候我会觉得，即便待在家里，和去过也没什么分别。不过，实际出国看过之后，我才发现，有很多见闻从网上是无法体会到的。

　　事实上，这个问题正是受我到西班牙旅行时看见的魔方阵的启发而来的。网上可以搜到魔方阵的事情，对它我也早有耳闻，然而实地亲身体验时，当地那种氛围和风俗人情等又给了我完全不一样的体会。比如，很多在国内时认为是常识的，到这里并不适用；再次认识到了自己的无知；在陌生环境下活动的紧张感；回到家后能感受到祖国的种种好处。

　　无论网络如何发展，始终还是无法替代"去过""懂了"或者"见过"这些事实。虽然旅费不菲，但我觉得最终的收获是无法用金钱衡量的。

　　肯定有很多只有工程师才能感受得到的东西，所以有机会请一定到国外去看看、去感受。

Q21

IQ：90　　目标时间：25分钟

异或运算三角形

著名的"帕斯卡三角形"的计算法则是"某个数值是其左上角的数和右上角的数之和"。这里我们用异或运算代替单纯的和运算，从第一层开始计算，最终可以得到如图7所示的三角形。

第1层	1
第2层	1 1
第3层	1 0 1
第4层	1 1 1 1
第5层	1 0 0 0 1
第6层	1 1 0 0 1 1
第7层	1 0 1 0 1 0 1
第8层	1 1 1 1 1 1 1 1
第9层	1 0 0 0 0 0 0 0 1
第10层	1 1 0 0 0 0 0 0 1 1
第11层	1 0 1 0 0 0 0 0 1 0 1
第12层	1 1 1 1 0 0 0 0 1 1 1 1

图7 通过异或运算得到的三角形

问题

自上而下计算时，第 2014 个 0 会出现在哪一层？

※ 第1个0在第3层，第2、3、4个0都在第5层。

Hint!

两个真值的异或（XOR：exclusive or）运算规则是"当且仅当只有一个为1时，结果为1，其余情况为0"（表5）。

表5 异或运算

A	B	A XOR B
0	0	0
0	1	1
1	0	1
1	1	0

思路

我们只需要按照"一行中两端设置为 1，中间数字由上一层计算而来"这样的规则，就可以生成帕斯卡三角形。每一行的数字都用一维数组表示，中间的数组元素通过异或运算得出，这样就可以不断计算出下一行的数字。

> 普通的帕斯卡三角形很优美，这个异或运算三角形也很优美，有一种特别的秩序美呢。

这里的思路是一直重复计算，直至出现第 2014 个 0。用 Ruby 实现时，代码如代码清单 21.01 所示。

```
代码清单 21.01（q21_01.rb）

count = 0        # 0 出现的次数
line = 1         # 当前行的行数
row = [1]        # 当前行的值

while count < 2014 do
  next_row = [1]
  # 通过计算上一行的异或值得到下一行
  (row.size - 1).times{|i|
    cell = row[i] ^ row[i + 1]
    next_row.push(cell)
    count += 1 if cell == 0  # 统计 0 出现的次数
  }
  next_row.push(1)
  line += 1                    # 增加行数，进入下一行处理
  row = next_row
end

puts line          # 统计到 2014 个 0 时的行
```

> 如果单纯进行异或运算，似乎也没必要用数组呀。

> 对。用二进制里的 1 和 0 表示行，通过"用前一行左移一位后的值与该行（即'前一行'）的值作异或运算"就可以求得下一行的值。

例）第6层   →   110011
     左移一位   →   1100110
     异或值   →   1010101   … 第7层

这个思路的实现如代码清单 21.02 所示。

代码清单 21.02（q21_02.rb）

```
count = 0        # 0 出现的次数
line = 1         # 当前行的行数
row = 1          # 当前行的值（二进制码）

while count < 2014 do
  row ^= row << 1      # 从前一行作异或运算得到下一行
  count += row.to_s(2).count("0")      # 统计 0 出现的次数
  line += 1
end

puts line        # 输出到 2014 个 0 时的行
```

如果使用其他编程语言，需要注意二进制数的处理，而如果使用像
Ruby 这样的语言，则可以非常简单快速地处理二进制数。

 在类似 C 语言这种 32 位的编程环境下，即便无符号数，最多也只能
处理 32 位的二进制数呢。

答案 第 75 层

Point

除了用前面的方法，着眼于规律也能解决这个问题。相关资料请见
以下网页。

数学的山丘"帕斯卡三角形和二进制"[1]

URL https://zh.wikipedia.org/wiki/ 杨辉三角形

---

[1] 原书提供的是日语文章，描述的是帕斯卡三角形（杨辉三角）的变种。帕
    斯卡三角形中某个数字是上层两个数字之和，而这篇日语文章描述的则是
    某个数字是其上层两个数字的异或运算结果（只会出现 0 和 1）。本书提供
    网址为中文相关资料，仅供参考。——译者注

➡ Column

编程必备的文科和理科素养

提到编程，大部分人觉得是偏理科的。事实上，从事编程工作的并不全是理科技术人员。解决工作问题时，往往需要写不少规格说明之类的文档，这对擅长写文章的文科生而言，无疑是比较有利的。甚至可以说，从"学习语言"这一点来说，可能编程更接近文科的思维方式。

当然，编程在很多场景下也需要数学上的直觉。从宏观上来看，这些场景无外乎"计算"和"逻辑"。Computer 的其中一个译法是"计算机"，可想而知"计算"是多么重要的功能。从功能上来讲，说计算机几乎全是在作计算也不为过。

从这个意义上来看，在"懂得各种各样的计算""能运用各种公式"方面，显然理科式的直觉更为重要一些。像本题中出现的帕斯卡三角形，可能就是注重规律的偏理科的东西。

而"逻辑"指的就是解决问题时必不可少的逻辑思考能力。即便理解问题本身不难，也需要考虑采取什么样的步骤、用什么样的方法、如何简化问题等。

希望从事编程工作的人不要老想着"我是文科出身的"或者"我是理科出身的"，一定要兼具这两种思维方式。

Q22

IQ:80	目标时间:20分钟

不缠绕的纸杯电话

用绳子连接纸杯制作"纸杯电话"——这应该勾起了很多人对理科实验的回忆。如果把绳子拉直,对着一边的纸杯讲话,声音就可以从另一边的纸杯传出。

假设有几个小朋友以相同间隔围成圆周,要结对用纸杯电话相互通话。如果绳子交叉,很有可能会缠绕起来,所以结对的原则是不能让绳子交叉。

举个例子,如果有 6 个小朋友,则只要如 图8 一样结对,就可以顺利用纸杯电话通话。也就是说,6 个人的时候,有 5 种结对方式。

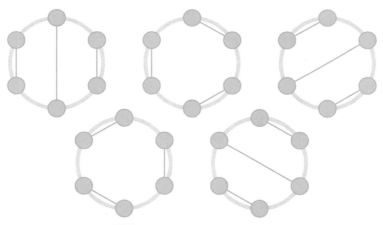

图8 6个人的时候有5种结对方式

问题

求有 16 个小朋友的时候,一共有多少种结对方式?

Hint!

为简化对交叉的判断,请先划分出范围再进行思考。

思路

我们可以这样思考：为使绳子不交叉，只要"从任意位置划分范围，并在各自范围中结对就可以"。不过要注意，每个范围中的人数必须为偶数。

很显然，2 个人的时候有 1 种结对方式。所以，在划分的 2 个范围中各自计算结对方式，再把 2 个范围内的结对方式数相乘就可以了。如果使用 Ruby，则可以使用动态规划算法像代码清单 22.01 这样实现。

代码清单 22.01（q22_01.rb）

```
n = 16
pair = Array.new(n / 2 + 1)
pair[0] = 1

1.upto(n/2){|i|
  pair[i] = 0
  i.times{|j|
    pair[i] += pair[j] * pair[i - j - 1]
  }
}

puts pair[n/2]
```

 原来如此。划分成 2 个范围后就很好懂了呢。

 使用动态规划算法时，处理还很快。

 答案 1430 种

Q23

IQ: 80　　**目标时间: 20分钟**

二十一点通吃

赌场经典的二十一点游戏①中，每回合最少下注 1 枚硬币，赢了可以得到 2 枚硬币，输了硬币会被收走。

假设最开始只拥有 1 枚硬币，并且每回合下注 1 枚，那么 4 回合后还能剩余硬币的硬币枚数变化情况如 图9 所示，共有 6 种（圆形中间的数字代表硬币枚数）。

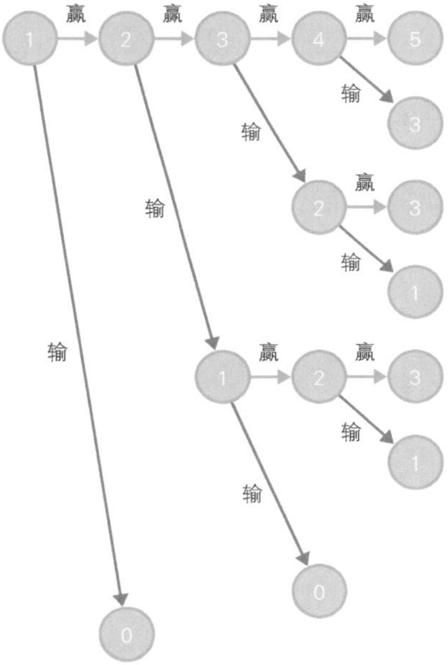

问题

求最开始拥有 10 枚硬币时，持续 24 回合后硬币还能剩余的硬币枚数变化情况共有多少种？

图9 能持续 4 回合的情况有 6 种

能用树形图形表示，也就是可以用递归来搜索吧？

Hint!

因为不是求最短路径，所以用深度优先搜索会比较简单呢。

要设计成增加游戏回合数后也能处理的程序哦。

---

① 即 Blackjack，起源于法国的扑克牌游戏，参加者要尽量使手中牌的总点数达到或是接近 21 点，但不能超过，然后与庄家比较总点数的大小以定输赢。——编者注

思路

如果剩余硬币为 0，则无法继续游戏，而只要还有 1 枚硬币，游戏就能继续。如果某回合获胜，则硬币增加 1 枚，落败则减少 1 枚。这道题中，保持思路简单非常重要。

这里只需要判断"游戏是否进行到了题干要求的回合"以及"是否已经输光硬币"。因此，用 Ruby 实现时，代码如代码清单 23.01 所示。

代码清单 23.01（q23_01.rb）

```ruby
@memo = {}

def game(coin, depth)
  return @memo[[coin, depth]] if @memo.has_key?([coin, depth])
  return 0 if coin == 0
  return 1 if depth == 0
  win = game(coin + 1, depth - 1)  # 获胜时
  lose = game(coin - 1, depth - 1) # 落败时
  @memo[[coin, depth]] = win + lose
end

puts game(10, 24)
```

 实现很简洁啊！而且还用了内存化方法，速度很快呢。

 终止条件简单，所以容易实现。

 答案 16051010 种

对喜爱棒球的少年而言，"三振出局"[1]（图10）是一定要试一次的。这是一个在本垒上放置9个靶子，击打投手投来的球，命中靶子的游戏。据说这可以磨练球手的控制力。

现在来思考一下这9个靶子的击打顺序。假设除了高亮的5号靶子以外，如果1个靶子有相邻的靶子，则可以一次性把这2个靶子都击落。譬如，如图11所示，假设1号、6号、9号已经被击落了，那么接下来，对于"2和3""4和7""7和8"这3组靶子，我们就可以分别一次性击落了。

1	2	3
4	5	6
7	8	9

图10　三振出局

	2	3
4	5	
7	8	

图11　1号、6号、9号已经被击落

问题

求9个靶子的击落顺序有多少种？这里假设每次投手投球后，击球手都可以击中一个靶子。

能一次击落2个靶子……这一点很难处理。已经击落的靶子下次就不能用了吧？

Hint!

当然。譬如1号被击落后，与1号靶子相邻的地方就不能再一次击落2个了。

---

① 即 Strikeout，源自棒球，累计两个好球时，第三球击球员未击中或未击情况下（好球未击），判击球员三振出局，即为这名球员下场，更换下一名击球手。

——编者注

思路

问题的关键在于，已经击落的靶子就不能再次击中。1 号被击落后，"1 和 2""1 和 4"就不能再适用"一次性击落"这种情况了。反过来说，如果一次性击落"1 和 2"，则 1 号和 2 号靶子就都不能再使用了。为实现这样的思路，这里用数组来表示击打方法。

另外，无论是按照 1 号 ~3 号的顺序击球，还是按照 3 号 ~1 号的顺序击球，这之后的模式都是一样的。因此可以把已遍历的靶子内存化，从而优化处理速度。譬如用 Ruby 可以像代码清单 24.01 这样实现。

代码清单 24.01（q24_01.rb）

```ruby
# 列举能一次击落 2 个靶子的组合
board = [[1, 2], [2, 3], [7, 8], [8, 9],
        [1, 4], [3, 6], [4, 7], [6, 9]]
# 增加逐个击落的方法
1.upto(9){|i|
  board.push([i])
}

@memo = {[] => 1}
def strike(board)
  # 如果已经全部遍历完，则输出这个值
  return @memo[board] if @memo.has_key?(board)
  cnt = 0
  board.each{|b|
    # 排除含有已经击落数字的组合
    next_board = board.select{|i| (b & i).size == 0}
    cnt += strike(next_board)
  }
  @memo[board] = cnt
end

puts strike(board)
```

通过数组与数组之间的 AND 运算，可以把多个数组的共同元素提取出来。通过只使用没有共同元素的数组，就可以保证不重复统计已击落的靶子。

答案 798000 种

Q25

IQ：95　　**目标时间：30分钟**

鞋带的时髦系法

即便系得很紧，鞋带有时候还是免不了会松掉。运动鞋的鞋带有很多时髦的系法。下面看看这些系法里，鞋带是如何穿过一个又一个鞋带孔的。

如 图12 所示的这几种依次穿过 12 个鞋带孔的系法很有名（这里不考虑鞋带穿过鞋带孔时是自外而内还是自内而外）。

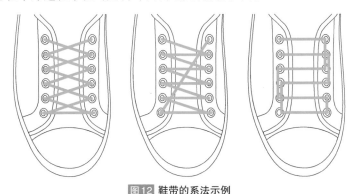

图12 鞋带的系法示例

这里指定鞋带最终打结固定的位置如 图12 中的前两种系法所示，即固定在最上方（靠近脚腕）的鞋带孔上，并交错使用左右的鞋带孔。

问题

求鞋带交叉点最多时的交叉点个数。譬如 图12 左侧的系法是 5 个，正中间的这种系法是 9 个。

如何判定交叉是一个难点呢。

Hint!

先用较小的数字试验，看看在什么条件下会交叉吧。

Q25　鞋带的时髦系法 ┃ **093**

思路

鞋带打结的两点已经固定，剩下的就是交错选择剩下的鞋带孔。从左侧开始选择有 5!（5 的阶乘）种选择方法，从右侧开始也有 5! 种。根据选择的顺序可以得到系法，这时，如何计算某一种系法的交叉点个数很关键。可以自上而下（从脚腕到脚尖的方向）为左侧和右侧的每一个鞋带孔标记 0~5 的数字，通过数字大小来判断是否交叉。

举个例子，从左 0 到右 1 穿过的鞋带会跟从左 1 到右 0 穿过的鞋带交叉。也就是说，数字大小变化相反时会产生交叉点。用 Ruby 实现这个思路时，代码如代码清单 25.01 所示。

代码清单 25.01（q25_01.rb）

```ruby
N = 6

max_cnt = 0
(1..N - 1).to_a.permutation(N - 1){|l|    # 左侧的顺序
  (1..N - 1).to_a.permutation(N - 1){|r| # 右侧的顺序
    # 设置路线
    path = []
    left = 0
    right = r[0]
    (N - 1).times{|i|
      path.push([left, right])
      left = l[i]
      path.push([left, right])
      right = r[i + 1]
    }
    path.push([left, 0])

    # 判断路线是否相交
    cnt = 0
    (N * 2 - 1).times{|i|
      (i + 1).upto(N * 2 - 2){|j|
        cnt += 1 if (path[i][0] - path[j][0]) *
                    (path[i][1] - path[j][1]) < 0
      }
    }
    max_cnt = [max_cnt, cnt].max
  }
}
puts max_cnt
```

交叉的判断是使用乘法来作的，这是为什么呢？

 在比较左侧鞋带孔对应数字和右侧鞋带孔对应数字的大小时，这里是取这两侧数字的差数并判断正负。如果有一方是负数，则相乘得到的积也会是负数，这样就可以判断是否相交了。

 这样采用乘法的确很方便。不过，如果鞋带孔增多，处理时间好像就会很长。

Point

　　本题中两侧各 6 个鞋带孔，这时候计算可以在 1 秒之内完成。但如果两侧鞋带孔个数变为 7，那么计算时间将会超过 10 秒。如果再进一步增加个数，那花费的时间就会更多。

　　那么能不能解决这个问题呢？事实上，如果改变鞋带孔的个数，你会发现答案的变化很有规律。两侧鞋带孔的个数分别是 2, 3, 4, … 时，对应的交叉点个数分别是 1, 6, 15, 28, 45, 66, …。取交叉点个数之间的差，则是 5, 9, 13, 17, 21, …。这些差值是一个等差数列，前后相邻两个数之间相差 4。像这样发现规律也是很重要的思考方式哦。

答案 45 个

算法题的出题方法

　　自从为"本周算法"栏目出题之后，常常有人问我"你是怎么想出这些算法问题的？"每星期出一道新的问题，实现解法并准备示例答案和说明等真是一件苦差事，而且出题之后还要评分。

　　老实说，我并没有一种固定的出题方式。有时候骑着自行车忽然有了想法，有时候坐在桌前四下看看就有了思路。我有时候也会看看书，看看问题，思考是不是有更好的方法。有时候，为了以"内存化""递归"来出题，我还会根据答案倒推问题。

　　不过，唯一可以确定的方法就是"要随时随地思考如何出题"。无论在做什么，潜意识里都问问自己"这个能作为算法题吗"。有时候盯着桌上的日历、键盘的键位排布，我都会想这能不能作为出题的依据。为其他需求编程时也会思考，就连喝酒我都能想出问题。

　　我比较注意的是"努力开拓自己的视野"。虽然研读专著可以加深对某个领域的理解，但并不能拓宽视野。我会读各种领域的杂志以保持开阔的眼界。看运动竞技的时候，我也习惯于从各种角度来看，而不拘泥于特定的运动或者队伍。

　　大家有什么课题的时候，也可以试试"随时随地思考"。有时候我们会从看上去与课题毫无关系的事物上瞬间得到灵感。

Q26

IQ:100   **目标时间:30分钟**

高效的立体停车场

最近,一些公寓等建筑也都配备了立体停车场。立体停车场可以充分利用窄小的土地,通过上下左右移动来停车、出库,从而尽可能多地停车。

现在有一个立体停车场,车出库时是把车往没有车的位置移动,从而把某台车移动到出库位置。假设要把左上角的车移动到右下角,试找出路径最短时的操作步数。举个例子,在 3×2 的停车场用如 图13 所示的方式移动时,需要移动 13 步。

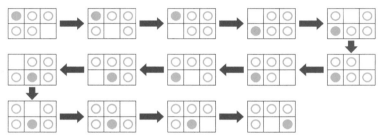

图13 车从左上角移动到右下角的示例1(13步)

不过,如果用如 图14 所示的移动方法,则只需要移动 9 步。

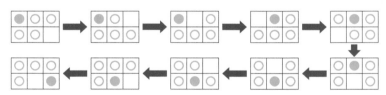

图14 车从左上角移动到右下角的示例2(9步)

问题

求在 10×10 的停车场中,把车从左上角移动到右下角时按最短路径移动时需要的最少步数。

从反方向开始搜索也是一种方法哦。

思路

求按最短路径移动时，广度优先搜索是一种行之有效的方法。如果找到了最终的移动方法，就可以立刻停止搜索，这样可以大幅减少搜索时间。

Point

解题思路是从停车场最后的状态倒推，求回到最初状态的最短路径。已经试过的路径如果不符合条件，即可确定为不是最短路径，所以需要标记已搜索路径，避免其被重新搜索到。

停车场停车状态用二维数组表示，给边界设置数字 9 作为标记，其他车的位置设置为 1，目标车辆位置设置为 2。另外，没有车的位置通过参数的形式传递。用 Ruby 实现时，这个思路如代码清单 26.01 所示。

代码清单 26.01（q26_01.rb）

```ruby
W, H = 10, 10
# 设置停车场状态（用数字 9 作为边界）
parking = Array.new(W + 2){Array.new(H + 2){1}}
(W + 2).times{|w|
  parking[w][0] = parking[w][H + 1] = 9
}
(H + 2).times{|h|
  parking[0][h] = parking[W + 1][h] = 9
}

# 目标是左上角车的状态
@goal = Marshal.load(Marshal.dump(parking))
@goal[1][1] = 2

# 开始位置是右下角的状态
start = Marshal.load(Marshal.dump(parking))
start[W][H] = 2

def search(prev, depth)
  target = []
  prev.each{|parking, w, h|
    # 上下左右移动
    [[-1, 0], [1, 0], [0, -1], [0, 1]].each{|dw, dh|
      nw, nh = w + dw, h + dh
      if (parking[nw][nh] != 9) then
```

```
      # 如果是边界以外的情况，则检查是否已经遍历
      temp = Marshal.load(Marshal.dump(parking))
      temp[w][h], temp[nw][nh] = temp[nw][nh], temp[w][h]
      if !@log.has_key?([temp, nw, nh]) then
        # 把未遍历的位置作为遍历目标
        target.push([temp, nw, nh])
        @log[[temp, nw, nh]] = depth + 1
      end
    end
  }
 }
 return if target.include?([@goal, W, H])
 # 广度优先搜索
 search(target, depth + 1) if target.size > 0
end

# 记录已搜索部分
@log = {}
@log[[start, W, H - 1]] = 0
@log[[start, W - 1, H]] = 0
# 从开始位置开始搜索
search([[start, W, H - 1], [start, W - 1, H]], 0)
# 输出到达目标的搜索次数
puts @log[[@goal, W, H]]
```

 代码中的Marshal.load和Marshal.dump是什么啊？

 是复制多维数组所有元素的方法。如果是索引，那么即便复制也只是复制索引，所以要复制值就要这么写。

 这部分处理好像挺费时间，没有更好的方法吗？

 换成一维数组，并且用clone函数来实现也是一种办法。

　　下面的代码清单 26.02 这种实现可以将处理时间缩短到 40%（处理逻辑没有改变，故这里略去注释）。

代码清单 26.02（q26_02.rb）

```ruby
W, H = 10, 10
parking = [9] * (W + 1) + ([1] * W + [9]) * H + [9] * (W + 1)

@goal = parking.clone
@goal[W + 1] = 2
start = parking.clone
start[- W - 3] = 2

def search(prev, depth)
  target = []
  prev.each{|parking, pos|
    [-1, 1, W + 1, - W - 1].each{|d|
      dd = pos + d
      if (parking[dd] != 9) then
        temp = parking.clone
        temp[dd], temp[pos] = temp[pos], temp[dd]
        if !@log.has_key?([temp, dd]) then
          target.push([temp, dd])
          @log[[temp,dd]] = depth + 1
        end
      end
    }
  }
  return if target.include?([@goal, (W + 1) * (H + 1) - 2])
  search(target, depth + 1) if target.size > 0
end

@log = {}
@log[[start, (W + 1) * H - 2]] = 0
@log[[start, (W + 1) * (H + 1) - 3]] = 0

search([[start, (W+1) * H - 2], [start, (W+1) * (H+1) - 3]], 0)
puts @log[[@goal, (W + 1) * (H + 1) - 2]]
```

答案 69 步

在像日本这样车辆靠左通行的道路上，开车左转比右转要舒服些。因为不用担心对面来车，所以只要一直靠左行驶，就不用思考怎么变道。

那么，现在来想一下如何只靠直行或者左转到达目的地。假设在像 图15 一样的网状道路上，我们只能直行或者左转，并且已经通过的道路就不能再次通过了。此时允许通行道路有交叉。

请思考一下从左下角去右上角时，满足条件的行驶路线共有多少种。举个例子，如果是像 图15 这样 3×2 的网状道路，则共有 4 种行驶路线。

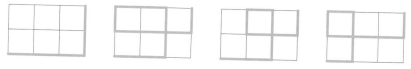

图15 道路为 3×2 网状道路时

问题

求 6×4 的情况下，共有多少种行驶路线？

如何表示左转是一个难点啊。如果车向上开，则左转就是往左开；如果车朝左开，则左转就是向下开。

或许可以用数组表示"上""左""下""右"。只要下标加1，如果当前是向上，则下一步就是左；如果当前向左，则下一步就是向下了。

Hint!

就是这样。右的下一个是上，只需要把下标归零就可以了。还有一种方法是"加1后除以4取余数"。

思路

这个问题的关键在于，已经通过的道路不能再次通过。也就是说，需要把已经通过的位置记录下来。另外，只能直行或者左转，因此也要保存上一次移动的方向。

这里，我们把"横线和竖线是否已经通过"分别保存到数组里。然后，用二进制数表示各个方格的横线和竖线是否已经使用过，比如 图16 的状态就可以保存成 表6 这样的数据。

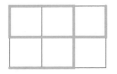

图16 移动示例

表6 用二进制数保存状态的示例

竖线	横线
1011	110
0010	111
	110

也就是说，如 图16 所示，竖线中，第 1 层只有最左端、最右端以及右数第 2 条是已通过的道路，因此我们在这些位置标记 1。同样地，第 2 层只有右数第 2 条是已通过的道路，因此我们只在这个位置标记 1。

然后，按照前行方向，用递归遍历还没有走过的所有道路。用 Ruby 实现这个思路时，代码如代码清单 27.01 所示。

```
代码清单 27.01（q27_01.rb）

W, H = 6, 4
DIR = [[0, 1], [-1, 0], [0, -1], [1, 0]] # 前进方向
left = [0] * H    # 用二进制表示某根竖线是否已通过
bottom = [0] * W # 用二进制表示某根横线是否已通过

def search(x, y, dir, left, bottom)
  left_l = left.clone
  bottom_l = bottom.clone
  # 已经越界或者已通过的情况下无法前行
  if (dir == 0) || (dir == 2) then # 前后移动的情况
    pos = [y, y + DIR[dir][1]].min
    return 0 if (pos < 0) || (y + DIR[dir][1] > H)
    return 0 if left_l[pos] & (1 << x) > 0
    left_l[pos] |= (1 << x)          # 把竖线标记为已通过
  else                               # 左右移动的情况
    pos = [x, x + DIR[dir][0]].min
```

```
    return 0 if (pos < 0) || (x + DIR[dir][0] > W)
    return 0 if bottom_l[pos] & (1 << y) > 0
    bottom_l[pos] |= (1 << y)          # 把横线标记为已通过
  end
  next_x, next_y = x + DIR[dir][0], y + DIR[dir][1]
  return 1 if (next_x == W) && (next_y == H) # 到达 B 点则结束

  cnt = 0
  # 前进
  cnt += search(next_x, next_y, dir, left_l, bottom_l)
  # 左转
  dir = (dir + 1) % DIR.size
  cnt += search(next_x, next_y, dir, left_l, bottom_l)
  cnt
end

puts search(0, 0, 3, left, bottom) # 从起点右转开始
```

把移动方向用数组表示之后代码就简单了。看这个代码就好像自己在驾车一样明了，太舒服了。

实际调试的时候，像这样的代码即便代码量更大些，也很好读懂呢。

 2760 种

➡ Column

去参加学习会或者研讨会吧

如果住在东京，基本上每天都能参加各种学习会和研讨会。这些学习会和研讨会规模大小不一，类型也各不相同，而且很容易就能获取相关信息。本人一直尽可能多地参加这些活动。我还是上班族的时候，就每个月雷打不动地请一天假去参加研讨会。

这里说的"请一天假"很重要。向公司申请参加研讨会时，肯定会有"无论如何也要和自己的工作扯上关系"这样的意识，之后还得整理相关报告。这样一来，我们可能就没办法随便选取研讨会了。

和上司聊起去参加学习会或者研讨会的时候，我们可能会听到"不会有什么收获的，还是抓紧时间工作吧"这样的反对意见。的确，参加学习会或者研讨会能学到的东西不多。只花一天时间，甚至只有几个小时，还真是没办法学到很关键的东西。

当然，既有非常有意义的研讨会，也有没有意义的研讨会。但我觉得这都无所谓，重要的是我们自己不要觉得这件事毫无意义。带着"无论如何都要让自己成长一点"这样的目标参加时，研讨会的意义就变得不一样了。即便只是去体会讲师的说话方式，或者会场的氛围也是极好的。对学习会、研讨会上的东西，不好的地方引以为鉴，好的方面取长补短，这就足够了。

请一定积极地参加学习会或者研讨会。我们不仅可以学到将来或许能派上用场的东西，还有可能结识到志同道合的朋友。

Q28

IQ：90　　**目标时间：20分钟**

社团活动的最优分配方案

对学生而言，社团活动可能比学习还更重要。假设你即将成为某新建学校的校长，学校里有150名想要运动的学生，请你考虑要为他们准备哪些社团活动。

你调查各项运动所需的场地面积后得到了如表7所示的表格。在确定活动场地时，也要考虑各个社团的人数。

表7 各个社团所需的场地面积和预计人数

社团	所需的场地面积	预计人数
棒球	11000m²	40人
足球	8000m²	30人
排球	400m²	24人
篮球	800m²	20人
网球	900m²	14人
田径	1800m²	16人
手球	1000m²	15人
橄榄球	7000m²	40人
乒乓球	100m²	10人
羽毛球	300m²	12人

问题

请选择一些社团活动，社团总人数不能超过150人，还要使场地面积最大。求这个最大的面积的值。

Hint!

因为不知道学生最后会进哪种社团，所以要将所需的场地面积最大化。

"求社团每个人平均所占的场地面积"这种方法好像挺快的啊……

可是这样不一定能得出最大的场地面积哦。

思路

在有限的人数范围内，选择什么样的社团才能使所需的场地面积最大呢？最简单的思路就是选择几个社团，从总人数不超过150人的社团组合中选出场地面积最大的组合，那就是最终的答案。

这里可以依次增加社团个数，并搜索满足条件的社团组合。用 Ruby 实现时，代码如代码清单28.01所示。

代码清单28.01（q28_01.rb）

```ruby
club = [[11000, 40], [8000, 30], [400, 24], [800, 20], [900, 14],
        [1800, 16], [1000, 15], [7000,40], [100, 10], [300, 12]]
N = 150

max = 0
# 按顺序选择社团个数
1.upto(club.size){|i|
  club.combination(i){|ary|
    # 已选择社团人数满足条件时
    if ary.map{|i| i[1]}.inject(:+) <= N then
      max = [ary.map{|i| i[0]}.inject(:+), max].max
    end
  }
}

puts max
```

 这样的话很简单啊。仅仅是改变社团个数，统计社团人数，满足条件时按顺序判断场地面积是否最大而已。

 不过当社团个数增加时，处理时间会一下子变长。

 像本题这样有10个社团的时候没什么问题，如果社团个数超过了15，这个程序就会很慢，几乎无法处理。下面尝试优化一下吧。

Point

像这次这样的问题被称为"背包问题"①。用内存化、动态规划算法等都可以实现高速处理。

首先,如果选了第 1 个"棒球",则场地面积增加 11000;如果没有选,则增加 0。同样,选了第 2 个"足球",则场地面积增加 8000;如果没有选则增加 0。如果同时选了棒球和足球,则场地面积为两者面积相加得到的值。

然后,根据学生人数准备数组并统计。举个例子,图17表示选择棒球和足球时的数组变化。同样地统计所有社团后,我们就可以得到总人数不超过 150 人时的场地面积的最大值。

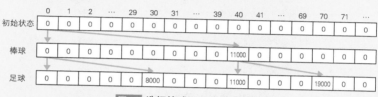

图17 选择棒球和足球时的数组

如果本题用动态规划算法优化,则如代码清单 28.02 所示。

代码清单 28.02(q28_02.rb)

```
club = [[11000, 40], [8000, 30], [400, 24], [800, 20], [900, 14],
        [1800, 16], [1000, 15], [7000,40], [100, 10], [300, 12]]
N = 150

area = Array.new(club.size + 1){Array.new(N + 1){0}}
(club.size - 1).downto(0){|i|
  (N + 1).times{|j|
    if j < club[i][1] then
      area[i][j] = area[i + 1][j]
    else
      area[i][j] = [area[i + 1][j],
                    area[i + 1][j - club[i][1]] + club[i][0]].max
    end
  }
}
puts area[0][N]
```

① 即 Knapsack Problem,问题的名称来源于如何选择最合适的物品放置于给定背包中。问题可以描述为:给定一组物品,每种物品都有自己的重量和价格,在限定的总重量内,我们如何选择,才能使物品的总价格最高。——编者注

如果用这个方法，即便社团个数增加，也能在一瞬间处理完毕。

 虽然代码很简洁，但逻辑比之前复杂了，不好理解。

 那就尝试画图来推演数组的变化吧。

内存化的方法则是把尚未选择的社团列表和剩余人数作为参数传入，具体如代码清单 28.03 所示。

代码清单 28.03（q28_03.rb）

```ruby
club = [[11000, 40], [8000, 30], [400, 24], [800, 20], [900, 14],
        [1800, 16], [1000, 15], [7000,40], [100, 10], [300, 12]]

@memo = {}
def search(club, remain)
  return @memo[[club, remain]] if @memo.has_key?([club, remain])
  max = 0
  club.each{|c|
    # 如果剩余人数还足以选择新的社团
    if remain - c[1] >= 0 then
      max = [c[0] + search(club - [c], remain - c[1]), max].max
    end
  }
  @memo[[club, remain]] = max
end

puts search(club, 150)
```

 另外，已知的优化方法还有分枝限界法（branch and bound）等。

 答案

28800m²

Q29

合成电阻的黄金分割比

　　我们在物理课上都学过"电阻"，通过把电阻串联或者并联可以使电阻值变大或者变小。电阻值分别为 R1、R2、R3 的 3 个电阻串联后，合成电阻的值为 R1 + R2 + R3。同样 3 个电阻并联时，合成电阻的值则为"倒数之和的倒数"（ 图18 ）。

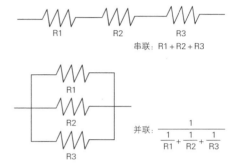

串联: R1 + R2 + R3

并联: $\dfrac{1}{\dfrac{1}{R1} + \dfrac{1}{R2} + \dfrac{1}{R3}}$

图18 计算合成电阻的电阻值

　　现在假设有 n 个电阻值为 1 Ω 的电阻。组合这些电阻，使总电阻值接近黄金分割比 1.6180339887…。举个例子，当 n = 5 时，如果像 图19 这样组合，则可以使电阻值为 1.6。

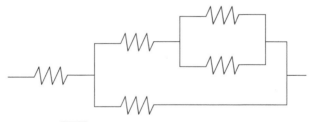

图19 当 n = 5 时接近黄金分割的组合示例

问题

　　求 n = 10 时，在组合电阻后得到的电阻值中，最接近黄金分割的数值，请精确到小数点后 10 位。

Hint!

关键在于，并联的电路内部还可以有并联。

思路

如果仅仅是串联，那问题很简单，直接作加法就可以了，问题在于并联。如果同时并联的电阻个数不同，计算方法也会发生变化。同时，并联的电路内部可能还有并联的电阻。

这里用数组来表示并联电阻。另外，我们还可以把 n 个电阻组合可能得到的总电阻值保存到一个数组里，用于递归运算。这样一来，我们就可以进行内存化，实现高速处理了。并联时，我们会遇到这样的问题："应该以几个电阻为单位来分组？"譬如并联 4 个电阻时，有必要考虑下列几种情形。

- 1 个 1 组，分为 4 组
- 按照 1 个、1 个、2 个分组，最后 2 个或者串联，或者并联
- 按照 1 个、3 个分组，3 个的这组或者串联，或者并联
- 按照 2 个、2 个分组，每组内部或者串联或者并联

Point

首先，为总结出分组模式，这里把电阻排成一排并分组。举个例子，如果有 4 个电阻，则分割点有 3 个。分组就是考虑如何应用这 3 个分割点（图20）。

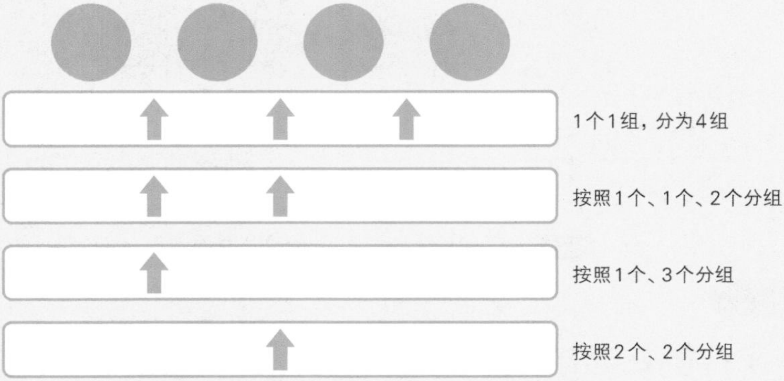

	1个1组，分为4组
	按照1个、1个、2个分组
	按照1个、3个分组
	按照2个、2个分组

图20　4个电阻的排列情况

用 Ruby 实现时，代码如代码清单 29.01 所示。

代码清单 29.01（q29_01.rb）

```ruby
# 计算数组的直积
def product(ary)
  result = ary[0]
  1.upto(ary.size - 1){|i|
    result = result.product(ary[i])
  }
  result.map{|r| r.flatten}
end

# 计算并联时的电阻值
def parallel(ary)
  #1.0 / ary.map{|i| 1.0 / i}.inject(:+)
  Rational(1, ary.map{|i| Rational(1, i)}.inject(:+))
end

@memo = {1 => [1]}
def calc(n)
  return @memo[n] if @memo.has_key?(n)
  # 串联
  result = calc(n - 1).map{|i| i + 1}
  # 并联
  2.upto(n){|i|
    # 设置并联时的分割点个数
    cut = {}
    (1..(n - 1)).to_a.combination(i - 1){|ary|
      pos = 0
      r = []
      ary.size.times{|j|
        r.push(ary[j] - pos)
        pos = ary[j]
      }
      r.push(n - pos)
      cut[r.sort] = 1
    }
    # 递归地设置分割位置
    keys = cut.keys.map{|c|
      c.map{|e| calc(e)}
    }
    # 计算电阻值
    keys.map{|k| product(k)}.each{|k|
      k.each{|vv| result.push(parallel(vv))}
```

```
    }
  }
  @memo[n] = result
end

golden_ratio = 1.61800339887
min = Float::INFINITY
calc(10).each{|i|
  min = i if (golden_ratio - i).abs < (golden_ratio - min).abs
}
puts sprintf("%.10f", min)
puts min
```

代码里有求数组直积的片段，是什么意思呢？

并联电阻是用数组表示的，但并联电阻本身也有各种内部组合，这些组合直接设置成了数组元素。Ruby里有对数组求直积的处理，用这个特性很容易就可以实现。

那parallel中使用的Rational又是什么呢？

Ruby可以用Rational处理分数。像这种问题，如果用分数来处理，结果更易懂。不过有时候我们还得考虑处理速度，所以还可以考虑更改parallel第1行的内容，直接用小数进行计算。

 答案 1.6181818182

（89/55）

Q30

IQ:100 **目标时间：30分钟**

用插线板制作章鱼脚状线路

对工程师而言，确保电源是最重要的事情。不仅是 PC，当智能手机、平板电脑、数码相机等电量不足时，我们也肯定要四处寻找插座。不过，多人共用的时候就必须共享插座，这时插线板就会派上用场。一般的插线板除了有延长线，还会有多个插口。

这里假设有双插口和三插口的插线板。墙壁上只有 1 个插座能用，而需要用电的电器有 n 台，试考虑此时应如何分配插线板。举个例子，当 n = 4 时，如 图21 所示，有 4 种插线板插线方法（使用同一个插线板时，不考虑插口位置，只考虑插线板的连接方法。另外，要使插线板上最后没有多余的插口）。

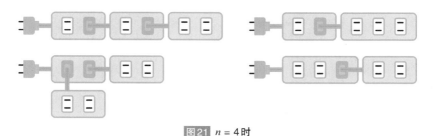

图21 *n* = 4 时

问题

求 *n* = 20 时，插线板的插线方法有多少种（不考虑电源的功率问题）？

Hint!

不考虑使用的是插线板上的哪个插口位置……这点很难啊。

思路

可用的插线板插口数分别是 2 个和 3 个，这些插口需要按一定的顺序使用。既然连接某个插线板时不考虑所用的插口位置，那么这里就按照 图21 从右侧的插口开始按顺序使用。

一个插线板一旦插入另一个插线板的插口中，从此就连接在这个插线板上了。因此我们可以使用深度优先搜索。这里要求的是可以空出 n 个插口的插线方法。某个插线板的插口上插了其他插线板时，只需要把这些插线板的插口个数相乘就可以了。我们可以用 Ruby 实现，如代码清单 30.01 所示。

代码清单 30.01 (q30_01.rb)

```
N = 20

def set_tap(remain)
  return 1 if remain == 1
  cnt = 0
  # 2 个插口
  (1..(remain / 2)).each{|i|
    if remain - i == i then
      cnt += set_tap(i) * (set_tap(i) + 1) / 2
    else
      cnt += set_tap(remain - i) * set_tap(i)
    end
  }
  # 3 个插口
  (1..(remain / 3)).each{|i|
    (i..((remain - i) / 2)).each{|j|
      if (remain - (i + j) == i) && (i == j) then
        cnt += set_tap(i) * (set_tap(i) + 1) * (set_tap(i) +
2) / 6
      elsif remain - (i + j) == i then
        cnt += set_tap(i) * (set_tap(i) + 1) * set_tap(j) / 2
      elsif i == j then
        cnt += set_tap(remain - (i+j)) * set_tap(i) * (set_
tap(i)+1) / 2
      elsif remain - (i + j) == j then
        cnt += set_tap(j) * (set_tap(j) + 1) * set_tap(i) / 2
      else
        cnt += set_tap(remain - (i + j)) * set_tap(j) * set_
tap(i)
      end
    }
  }
  cnt
end

puts set_tap(N)
```

参数为1时返回1是什么意思呢?

 就是1个插口就只有1种插线方法的意思,也就是"没有办法继续连插线板了"吧。

 对的。要是n=15,瞬间就可以求得答案,但本题中n=20,大概就要花费20秒左右的处理时间了。下面试试用内存化的方法优化程序吧(代码清单30.02)。

代码清单 30.02 (q30_02.rb)

```ruby
N = 20

@memo = {1 => 1}
def set_tap(remain)
  return @memo[remain] if @memo.has_key?(remain)
  cnt = 0
  # 2 个插口
  (1..(remain / 2)).each{|i|
    if remain - i == i then
      cnt += set_tap(i) * (set_tap(i) + 1) / 2
    else
      cnt += set_tap(remain - i) * set_tap(i)
    end
  }
  # 3 个插口
  (1..(remain / 3)).each{|i|
    (i..((remain - i) / 2)).each{|j|
      if (remain - (i + j) == i) && (i == j) then
        cnt += set_tap(i) * (set_tap(i) + 1) * (set_tap(i) +
2) / 6
      elsif remain - (i + j) == i then
        cnt += set_tap(i) * (set_tap(i) + 1) * set_tap(j) / 2
      elsif i == j  then
        cnt += set_tap(remain - (i+j)) * set_tap(i) * (set_
tap(i)+1) / 2
      elsif remain - (i + j) == j then
        cnt += set_tap(j) * (set_tap(j) + 1) * set_tap(i) / 2
      else
        cnt += set_tap(remain - (i + j)) * set_tap(j) * set_
tap(i)
      end
    }
  }
  @memo[remain] = cnt
end

puts set_tap(N)
```

内存化真是非常实用的方法啊。即使 $n = 100$ 也可以瞬间得到答案。

用JavaScript实现同样的处理看看吧。

这次没有什么需要特别注意的地方，直接实现就好啦（代码清单30.03）。

代码清单30.03（q30_03.js）

```javascript
const N = 20;
var memo = [];
memo[1] = 1;

function set_tap(remain){
  if (memo[remain]){
    return memo[remain];
  }
  var cnt = 0;
  /* 2个插口 */
  for (var i = 1; i <= remain / 2; i++){
    if (remain - i == i)
      cnt += set_tap(i) * (set_tap(i) + 1) / 2;
    else
      cnt += set_tap(remain - i) * set_tap(i);
  }
  /* 3个插口 */
  for (var i = 1; i <= remain / 3; i++){
    for (var j = i; j <= (remain - i) / 2; j++){
      if ((remain - (i + j) == i) && (i == j))
        cnt += set_tap(i) * (set_tap(i) + 1) * (set_tap(i) + 2) / 6;
      else if (remain - (i + j) == i)
        cnt += set_tap(i) * (set_tap(i) + 1) * set_tap(j) / 2;
      else if (i == j)
        cnt += set_tap(remain - (i+j)) * set_tap(i) * (set_
tap(i)+1) / 2;
      else if (remain - (i + j) == j)
        cnt += set_tap(j) * (set_tap(j) + 1) * set_tap(i) / 2;
      else
        cnt += set_tap(remain - (i + j)) * set_tap(j) * set_tap(i);
    }
  }
  memo[remain] = cnt;
  return cnt;
}

console.log(set_tap(N));
```

 答案 63877262 种

第**3**章

___

中级篇

优化算法　实现高速处理

时间复杂度记法和计算量

我们设计算法时，通常会关注"计算速度"和"内存使用量"。不过，不同的计算机架构和环境下，处理时间、内存使用量也会有所不同。

因此，我们通常会用"时间复杂度"来描述算法处理时间（或者叫"大 O 表示法"）。这种表示法用于表示当处理数据量为 N 时，程序处理时间随着 N 的变化而变化的规律。

举个例子，当 N 增大时，某个算法的处理时间增大幅度大约是 N^2，那么这个算法的时间复杂度就是 $O(N^2)$。有人也把这样的算法称为"$O(N^2)$ 算法"。

要进行某个处理时，根据所用算法的不同，其所需时间的差异也相当大（表 1）。举个例子，当采用 $O(N^2)$ 算法时，虽然 $N = 10$ 时只需 0.1 秒，但 $N = 1000$ 时就需要 1000 秒，也就是 16 分钟左右了。同样地，当 $O(N)$ 算法和 $O(N^2)$ 算法返回相同结果时，如果 $N = 1000$，前者可能只需 1 秒，而后者要花 16 分钟左右才能完成。

如果你在工作中感觉到某些处理非常花时间，那么修正一下算法，处理时间就可能会大幅缩短。这时，也请计算一下修正前和修正后的时间复杂度的变化。

表1 不同算法的处理时间（假设 O(1) = 1时的估算值）

	$N = 10$	$N = 100$	$N = 1000$	$N = 100万$
$O(\log N)$	3.3	6.6	10	20
$O(N)$	10	10^2	10^3	10^6
$O(N \log N)$	33	660	10^4	2×10^7
$O(N^2)$	10^2	10^4	10^6	10^{12}
$O(N^3)$	10^3	10^6	10^9	10^{18}
$O(2^N)$	10^3	10^{30}	10^{300}	$10^{3 \times 10^5}$

※ 根据对数底不同，时间复杂度通常只会有几倍的变化。为了简化，这里采用一般的估算倍数 2 进行计算。

Q31

计算最短路径

假设存在如图1所示的正方形，该正方形被划分为了若干个边长为1厘米的正方形方格。请思考从 A 到 B 以最短距离在分割线上往返的情况。这里限制返程时不能走去程时走过的路径（但允许和去程路径有交叉点）。

举个例子，当正方形的边长为 2 厘米时，一共有 10 种往返路径（图1）。

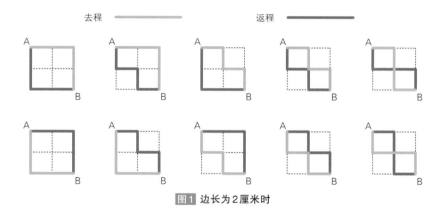

图1　边长为2厘米时

问题

求当正方形的边长为 6 厘米时，共有多少种最短路径？

路径的问题经常碰到呢。要说往返路径，应该不会就是单程最短路径种数的两倍吧？

Hint!
不能走同样路径这个条件是关键，所以要把"是否已走过"这个信息保存下来。

思路

单向路径的计算比较简单，但往返就有点儿复杂了。当你思考"怎样设计才能让编程更简单"时会发现，"换个思路解读问题"不失为一种简化方法。

这次的例子里，把"往返路径"这个说法理解成"两种路径"会简单很多。路径的表示方法不同，实现方法也就不同；即使表示方法相同，也可以有很多算法来解决问题。

首先用 JavaScript 实现最简单的解题方法。以顶点的横坐标 x 和纵坐标 y 为准，往右记录 0，往下记录 1，以此记录通过的顶点，也就是通过递归用深度优先搜索遍历，清除标记（代码清单 31.01）。

代码清单 31.01（q31_01.js）

```
var square = 6;
var count = 0;
var is_used = new Array();
for (var i = 0; i <= square; i++){
  is_used[i] = new Array();
  for (var j = 0; j <= square; j++){
    is_used[i][j] = new Array(false, false);
  }
}
function route(x, y, is_first_time){
  if ((x == square) && (y == square)){
    if (is_first_time){
      route(0, 0, false);
    } else {
      count++;
    }
  }
  if (x < square){
    if (!is_used[x][y][0]){
      is_used[x][y][0] = true;
      route(x + 1, y, is_first_time);
      is_used[x][y][0] = false;
    }
  }
  if (y < square){
    if (!is_used[x][y][1]){
      is_used[x][y][1] = true;
      route(x, y + 1, is_first_time);
      is_used[x][y][1] = false;
    }
```

```
    }
}
route(0, 0, true);
console.log(count);
```

Point

不过，如果正方形的边长变大，代码清单 31.01 的处理时间会很长。下面介绍一个优化方法。因为逻辑相对复杂，所以为了解说方便，这里假设正方形的边长为 3 厘米。

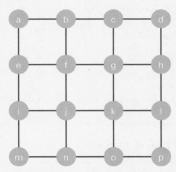

图2 边长为3厘米的情况

如果一开始已经由 a 移动到 b，那么还要从 bdpn 这个长方形里找到一条从 b 出发分别返回到 f、j、n 的路径，才能避免和起始路径重合（如果返回 b，那么路径一定是 b→a，这与问题要求不符）。如果返回到 f，那么最终路径是 f→e→a；如果返回到 j，则是 j→i→e→a；如果返回到 n，则是 n→m→i→e→a。经过这几个顶点的路径都可以算作 1 种路径。换句话说，只要求出从 b 点出发，分别返回到 f、j、n 的路径数，然后再相加就能求得最终答案（已经由 a 移动到 e 的情形与上述情形对称，所以最终答案是其中一种情形下的路径数的两倍）。

接下来求从 b 出发返回到 f 的路径。假设这时已经由 b 移动到 c，那么就相当于求 cdpo 这个长方形中由 c 出发分别返回到 g、k、o 的路径。假设事先已经由 b 移动到 f，则是求由 f 出发返回到 f 的路径，也就是计算 fhpm 这个正方形（即递归过程的"前一个"）即可。

代码清单 31.02 实现了这个遍历过程。

代码清单 31.02（q31_02.js）

```
function route(width, height, back_y){
  if (width == 1) return (back_y == height) ? back_y :
back_y + 2;
  if (height == 1) return (back_y == 0) ? 2 : 1;
  var total = 0;
  if (back_y == 0){
    for (var i = 0; i < height; i++){
      total += 2 * route(width - 1, height, i + 1);
    }
  } else {
    for (var i = back_y; i <= height; i++){
      total += route(width - 1, height, i);
    }
    total += route(width, height - 1, back_y - 1);
  }
  return total;
}
console.log(route(6, 6, 0));
```

哇！处理时间缩短了好多。

即便都是用递归，仍然可以通过改变处理逻辑使处理时间大幅度变化哦。

中间处理还应用了内存化方法，进一步缩短了处理时间呢。

答案　100360 种

有一种叫作"仪式铺法"[1]的榻榻米铺法，这种铺法可以使相邻榻榻米之间的接缝不会形成十字，象征着吉祥。假设我们需用这种不会形成十字接缝（也就是 4 张榻榻米的角不能集中在 1 个交点）的方法把榻榻米铺在房间里。

举个例子，如果把一个房间看作由纵 3 × 横 4 个正方形构成，而我们需要在这个房间里铺 6 张榻榻米，则铺法如 图3 所示（榻榻米的大小相当于 2 个正方形的大小）。

房间示例　　　　　　铺法1　　　　　　铺法2

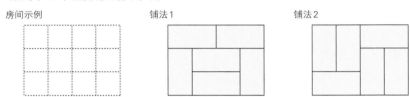

图3 纵3×横4情况下的铺法示例

铺法示例可以用表格方式表示，如 表2 所示。

表2 表示方法

铺法1	铺法2
─ ─ ─ ─ | ─ ─ | | ─ ─ |	| | ─ ─ | | | | ─ ─ | |

问题1

求在由纵 4 × 横 7 个正方形构成的房间里铺 14 张榻榻米时的铺法。

问题2

求在由纵 5 × 横 6 个正方形构成的房间里铺 15 张榻榻米时的铺法。

Hint!

从左上角开始铺，如果无法继续，则改变铺法重来。

① 榻榻米的铺法分为"仪式铺法"和"非仪式铺法"。仪式铺法象征着吉祥，与相邻的榻榻米相连而形成的接缝要呈 T 字形；非仪式铺法则是不祥的铺法，榻榻米相连处的接缝为十字形。——编者注

思路

　　本题是"棋盘类"问题。很多时候，在问题界定的范围外侧加上围栏就可以简化边界条件判断。用 JavaScript 实现时，代码如代码清单 32.01 所示。

代码清单 32.01（q32_01.js）

```
var height = 4;
var width = 7;
var str = "";
var tatami = new Array(height + 2);

/* 设置初始值（外围用 -1, 内部用 0 表示）*/
for (var h = 0; h <= height + 1; h++){
  tatami[h] = new Array(width + 2);
  for (var w = 0; w <= width + 1; w++){
    tatami[h][w] = 0;
    if ((h == 0) || (w == 0) ||
        (h == height + 1) || (w == width + 1)){
      tatami[h][w] = -1;
    }
  }
}

/* 显示榻榻米 */
function printTatami(){
  for (var i = 1; i <= height; i++){
    for (var j = 1; j <= width; j++){
      /* 横向铺时显示 "-" */
      if ((tatami[i][j] == tatami[i][j + 1]) ||
          (tatami[i][j] == tatami[i][j - 1]))
        str += "-";
      /* 纵向铺时显示 "|" */
      if ((tatami[i][j] == tatami[i + 1][j]) ||
          (tatami[i][j] == tatami[i - 1][j]))
        str += "|";
    }
    str += "\n";
  }
  str += "\n";
}

/* 递归铺榻榻米 */
function setTatami(h, w, id){
  if (h == height + 1){ /* 铺完显示榻榻米 */
```

```
    printTatami();
  } else if (w == width + 1){ /* 到右边界时改行 */
    setTatami(h + 1, 1, id);
  } else if (tatami[h][w] > 0){ /* 铺完向右移动 */
    setTatami(h, w + 1, id);
  } else { /* 当左上与上边相同或者左上与左边相同时可以铺 */
    if ((tatami[h - 1][w - 1] == tatami[h - 1][w]) ||
        (tatami[h - 1][w - 1] == tatami[h][w - 1])){
      if (tatami[h][w + 1] == 0){ /* 可以横向铺的情况 */
        tatami[h][w] = tatami[h][w + 1] = id;
        setTatami(h, w + 2, id + 1);
        tatami[h][w] = tatami[h][w + 1] = 0;
      }
      if (tatami[h + 1][w] == 0){ /* 可以纵向铺的情况 */
        tatami[h][w] = tatami[h + 1][w] = id;
        setTatami(h, w + 1, id + 1);
        tatami[h][w] = tatami[h + 1][w] = 0;
      }
    }
  }
}

setTatami(1, 1, 1);
console.log(str);
```

要解答问题2，只需要更改第1行和第2行就可以了吧？

是的。像代码清单32.01这样，在显眼位置设置易懂的常量或者变量，程序的修改就变得简单了，也有利于阅读，这是一箭双雕的写法。

设置外围边界好像有点多此一举，是为了简化条件吗？

如果不设置外围边界，那么判断上下左右的移动范围时需要判断数组下标是否有效。设置了外围边界后，就不需要增加这个判断步骤了，所以程序结构会简单很多哦。

前半部分是初始化和榻榻米的显示，实际的处理是在setTatami函数中哦。

本次程序执行后，输出的答案是图形，即问题 1 的答案——3 种铺法的示意图，以及问题 2 的答案——2 种铺法的示意图。输出的图形中，问题 1 的答案中有 2 种铺法互为左右镜像，而问题 2 的答案中这 2 种铺法互为上下镜像。

 问题 1：

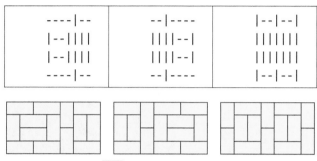

图4 问题1的答案示意图

问题 2：

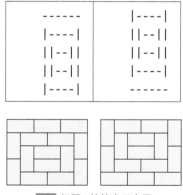

图5 问题2的答案示意图

假设在将棋棋盘上的任意两格中分别放入飞车和角行[①]这两颗棋子。将棋的棋盘纵横各 9 格，飞车和角行不能放置到同一格。这里我们暂且不考虑对方棋子和己方其他棋子的存在。

问题

假设在放置飞车和角行时将所有位置都考虑在内，求两颗棋子的棋步范围内所有格子数之和。

※所谓"棋子的棋步范围"指的是棋子能移动到的范围。飞车能上下左右直线移动，角行能在斜线上移动。

例）飞车和角行的位置如 图6 所示时，棋步范围内的格子数如下所示（带颜色的格子）。

- 例 1：24 格
- 例 2：23 格
- 例 3：23 格
- 例 4：15 格

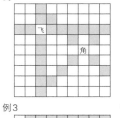

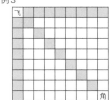
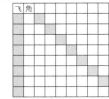

图6 飞车和角行各放置一颗时的示例

Hint!

要注意，棋步范围内有另外一颗棋子时，越过那颗棋子的格子不能算入棋步范围。

比如 图6 中的例2和例4，飞车的棋步范围就被角行截断了一些。

① 日本将棋中的棋子。将棋共有 8 种棋子，分别是王将（玉将）、飞车、角行、金将、银将、香车、桂马、步兵。关于将棋的具体规则，感兴趣的读者可自行在网络上查询，本题中只要知道飞车的走法是直走或横走无限格，不能越过其他棋子（同中国象棋中的"车"），角行的走法是斜走无限格，不能越过其他棋子即可。 ——编者注

Q32 里提到过，对于棋盘类问题，"很多时候，在问题界定的范围外侧加上围栏就可以简化边界条件判断"。本题同理，在棋盘的 9×9 的方格外侧加上辅助判断的格子就可以简化问题。

这里，我们用 x 坐标和 y 坐标表示飞车和角行的位置，按顺序遍历位置，并判断各格子是否在棋步范围之内。然后，以围栏为边界，上下左右移动飞车，斜线方向移动角行，判断棋子是否出现在了另一颗棋子的棋步范围内，一旦到达边界就终止搜索。代码清单 33.01 是用 Ruby 实现的递归处理示例。

```
代码清单33.01（q33_01.rb）

# 设置棋盘
@board = Array.new(11).map!{Array.new(11)}
(0..10).each{|i|
  (0..10).each{|j|
    @board[i][j] = (i == 0) || (i == 10) || (j == 0) || (j == 10)
  }
}

# 初始化统计变量
count = 0

# 递归遍历
def search(x, y, dx, dy)
  return if @board[x][y]
  @check[x * 10 + y] = 1
  search(x + dx, y + dy, dx, dy)
end

# 按顺序放置飞车和角行并遍历
(1..9).each{|hy|
  (1..9).each{|hx|
    (1..9).each{|ky|
      (1..9).each{|kx|
        if (hx != kx) || (hy != ky) then
          @check = Hash.new()
          @board[hx][hy] = @board[kx][ky] = true
          [[-1, 0], [1, 0], [0, -1], [0, 1]].each{|hd|
            search(hx+hd[0], hy+hd[1], hd[0], hd[1])
          }
          [[-1, -1], [-1, 1], [1, -1], [1, 1]].each{|kd|
            search(kx+kd[0], ky+kd[1], kd[0], kd[1])
```

```
      }
      @board[hx][hy] = @board[kx][ky] = false
      count += @check.size
    end
   }
  }
 }
}
puts count
```

一开始的"设置棋盘"设置的究竟是什么呢？

用于判断格子是否已使用过的标记。棋盘外为true（已使用），棋盘内则为false（未使用）。

一旦某个格子内放置了飞车或者角行，就把相应的标记设置为true，对吧？

是的。然后就按顺序确认各自的棋步范围，统计格子数。

　　像将棋这样的游戏是学习递归搜索的绝佳素材。类似的还有"八皇后""骑士巡逻"等著名问题。单就将棋而言，香车、步兵等棋子还相对简单[1]，但如果再加上桂马的棋步[2]和升级规则[3]就会比较复杂，很有意思。请大家试着增加棋子或者其他场景来试试看。

---

[1]　香车的走法是只可正前方直走无限格，不可后退和越子；步兵的走法是只可向正前方直走一格，不可后退，控制范围仅一格。——编者注

[2]　桂马在8种棋子中，是唯一能越过其他对方和己方棋子的，即可以跳到正前一格的斜前方两格，而且正前方的格子内有子时也可以越过，不会像中国象棋中的"马"那样被"蹩脚"，不过桂马不可后退。——编者注

[3]　将棋的棋子设有升级制度。除了王将（玉将）、金将和已经升级的棋子外，所有棋子都可以升级。当满足一定范围条件时（例如进入对方阵地后），玩家可以选择把棋子升级（也可以不升级）。将棋子的背面都写有升级后的名称，只要翻转棋子即完成升级。例如飞车可升级为龙王，除可直走或横走无限格外，亦可兼容王将（玉将）的走法（可走任意方向，但只能走一格且不可越子）。

——编者注

→ Column

从计算机将棋的发展中看到的变化

我高考的时候,选择报考大学的标准是"能否研究人工智能"。那已经是大约 18 年前的事情了。那个时候计算机将棋已经出现,不过只有业余选手的水准。即便仅仅是将棋爱好者的我,也能轻易战胜计算机。

那时的我有一个目标,就是开发一个能战胜人类的计算机将棋程序。而已经迷上编程的我,还编写了一个简单的将棋程序,并且将其作为自由软件公开了。不过,那个程序只有简单的对战功能。因此,我想研究人工智能,让计算机更强大。

考入大学后,我如愿以偿地进入报考的研究室,一直读到了硕士。虽然没再研究计算机将棋,但也学到了很多日后派上大用场的技术。

而如今,计算机将棋取得了长足的发展,业余选手已难以匹敌。计算机将棋已经能取得与专业选手同等甚至更好的对局成绩了。

计算机仅仅花了 20 年,就已经轻松进化出了超越人类的水准。"会编程"相当于"能改变世界"。这期间发生的最大变化也许就是"诞生了拥有超越开发者能力的计算机"。

就将棋而言,开发者已经在计算机面前败北。像这样计算机超越人类的例子目前还仅仅出现在特定领域里。归根结底,计算机做的还只是单纯的大量计算。不过,此后计算机超越人类的进程也许会进一步加速。我深觉作为一名开发者,不仅要掌握正确的知识,而且在开发时除技术外,也有必要关注伦理方面的问题。

Q34

IQ:100 | **目标时间：30分钟**

会有几次命中注定的相遇

不管是偶然的重逢还是一见钟情，在视线相遇的瞬间，都会有一种"命中注定"的感觉吧？下面一起来看看"命中注定的相遇"吧！

假设存在如 **图7** 所示的正方形，该正方形被划分为了边长为 1 厘米的正方形方格。男生从 A 到 B，女生从 B 到 A，分别沿着最短路径以相同速度前行。如果符合以下情形，则判断为"命中注定的相遇"。

① **两次同时停在同一直线内的顶点上（相互可见状态）**
※ 曾经相遇过一次的两人再次擦肩而过，彼此感受到了命运的安排……

② **在同一顶点交汇（相互接触状态）**
※ 想要捡起掉落的东西时，两人的手不经意间碰触，这……就是缘分吗？

当边长为 3 厘米时，有如 **图7** 所示的几种情况（男生是蓝线，女生是灰线）。

成功示例 1	满足上述条件①时
成功示例 2	满足上述条件②时
失败示例 1	同时停在同一直线内的顶点上的情况只发生了一次
失败示例 2	未曾同时停在同一直线内的顶点上

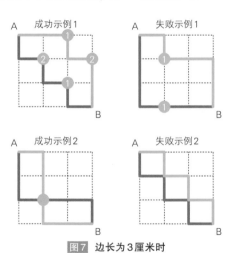

图7 边长为 3 厘米时

问题

求在边长为 6 厘米的正方形上，发生"命中注定的相遇"的情况共有多少种？

思路

关于路径问题，我们遇到很多次了。根据"如何表示路径"的不同，解法的差异也很大。有把向右表示为 0，向下表示为 1，从而用二进制表示路径的方法；也有像代码清单 34.01 这样的简单方法，即用 Ruby 递归处理男女各自的移动路径。

代码清单 34.01（q34_01.rb）

```
N = 6
@cnt = 0
def search(man_x, man_y, woman_x, woman_y, meet)
  if (man_x <= N) && (man_y <= N) &&
     (woman_x >= 0) && (woman_y >= 0) then
    @cnt += 1 if (man_x == N) && (man_y == N) && (meet >= 2)
    meet += 1 if (man_x == woman_x)
    meet += 1 if (man_y == woman_y)
    search(man_x + 1, man_y, woman_x - 1, woman_y, meet)
    search(man_x + 1, man_y, woman_x, woman_y - 1, meet)
    search(man_x, man_y + 1, woman_x - 1, woman_y, meet)
    search(man_x, man_y + 1, woman_x, woman_y - 1, meet)
  end
end

search(0, 0, N, N, 0)
puts @cnt
```

执行后可知正确答案为"527552"。

全部路径才 924×924＝853776 种，两人有高达 60% 的概率相遇呢！

从"命中注定的相遇"这点来说，这个概率或许有点儿高了啊。

如果 A 和 B 是分别从自己的公司出发去对方公司的，那么两人很有可能已经相遇了呢！

答案 527552 种

0 和 7 的回文数

已知对任意正整数 n 而言，一定存在 n 的正整数倍的"仅由 0 和 7 构成的数"。

例） $n = 2$ 时，$2 \times 35 = 70$

$n = 3$ 时，$3 \times 2359 = 7077$

$n = 4$ 时，$4 \times 175 = 700$

$n = 5$ 时，$5 \times 14 = 70$

$n = 6$ 时，$6 \times 1295 = 7770$

这里我们思考一下 n 的正整数倍的"仅由 0 和 7 构成的数"中的最小值，且该最小值为回文数的情况（回文数在 Q01 中提过，即反过来读也是同一个数）。举个例子，$13 \times 539 = 7007$ 里的 7007 就是回文数。

问题

求位于 1~50 的所有满足上述条件的 n，但上例中提到的 13 除外。

判断一个数是否是 3 的倍数，只需要计算各个数位上的数字之和，再判断这个和是不是 3 的倍数就可以了，对吧？

可惜这道题用不上这个知识。

Hint!

不过，如果真的按照 1 倍，2 倍，3 倍，…这样的方法求解，也太麻烦了。

思路

如果从 1 开始到 50，单纯地 1 倍，2 倍，3 倍，…这样按顺序找下去，那么到 9 的倍数时，处理时间就很长了。当然，有个法则是"9 的倍数的各个数位上的数字相加得出的和一定是 9 的倍数"，所以找出现 9 次 7 的数也是一种方法。

这次我们还可以反过来，用"由 0 和 7 构成的数"除以原来的数（即 *n*），然后找出能除尽的数。这种方法比前面那种方法快很多。

Point

要从小到大列举由 0 和 7 构成的数，最简单的方法是用二进制数里的 0 和 1 乘以 7。也就是说，用 0, 1, 10, 11, 100, 101, 111, 1000, …乘以 7，可得 0, 7, 70, 77, 700, 707, 770, 777, 7000, …。

另外，2 的倍数的个位数字是偶数，因此不是本题的答案（这是因为，个位上的数字为 0 时，由 0 和 7 构成的数是偶数，这样一来，回文数的最高位就是 0 了，所以不符合题意）。

原来如此！"用二进制数里的 0 和 1 乘以 7"这个方法真是让人大开眼界啊。

虽然要进行字符串和数值转换处理，但这个思路得出的代码比较易读，这是它的一个优点。

5 的倍数的个位数字要么是 0 要么是 5，所以从回文数这个角度来说也肯定不是本题的答案了。

是的。我们试试把目前想到的东西写成程序看看吧。

这里用由 0 和 7 构成的数除以 1~50 里的数（2 的倍数和 5 的倍数除外），并判断可以除尽的最小的数（这里指由 0 和 7 构成的数）是不是回文数。用 Ruby 实现时，代码如代码清单 35.01 所示。

代码清单 35.01（q35_01.rb）

```ruby
n = (1..50).select{|i| (i % 2 > 0) || (i % 5 > 0)}
answer = Array.new
k = 1
while (n.size > 0) do
  x = k.to_s(2).to_i * 7
  if x.to_s.include?('0') then
    n.each{|i|
      if x % i == 0 then
        answer << i if x.to_s == x.to_s.reverse
        n.delete(i)
      end
    }
  end
  k += 1
end
puts answer.sort
```

执行程序可得到结果"13、39、49"，13 除外，所以最终答案就是
"39、49"。

接下来，如果把"不包含 0"（也就是数字只由 7 构成）的情况考虑
进去，则需要删除 if 语句，将程序改为代码清单 35.02 这样。

代码清单 35.02（q35_02.rb）

```ruby
n = (1..50).select{|i| (i % 2 > 0) || (i % 5 > 0)}
answer = Array.new
k = 1
while (n.size > 0) do
  x = k.to_s(2).to_i * 7
  n.each{|i|
    if x % i == 0 then
      answer << i if x.to_s == x.to_s.reverse
      n.delete(i)
    end
  }
  k += 1
end
puts answer.sort
```

执行程序可得到结果"1、3、7、9、11、13、21、33、37、39、41、49"。去除 13 后得到的"1、3、7、9、11、21、33、37、39、41、49"就是最终答案。

从问题倒推的思路有时候也能顺利得到答案呢。

所以平时进行编程工作的时候也要尽可能从多个角度去看问题哦。

包含 0 和 7 时：39、49

$$\left(\begin{array}{l} 39 \times 1813 = 70707 \\ 49 \times 143 = 7007 \end{array}\right)$$

不包含 0 时：1、3、7、9、11、21、33、37、39、41、49

$$\left(\begin{array}{l} 1 \times 7 = 7 \\ 3 \times 259 = 777 \\ 7 \times 1 = 7 \\ 9 \times 86419753 = 777777777 \\ 11 \times 7 = 77 \\ 21 \times 37 = 777 \\ 33 \times 23569 = 777777 \\ 37 \times 21 = 777 \\ 39 \times 1813 = 70707 \\ 41 \times 1897 = 77777 \\ 49 \times 143 = 7007 \end{array}\right)$$

Q36

IQ:105 **目标时间：30分钟**

翻转骰子

这里有 6 个骰子排成一排，当第 1 个骰子的点数为 n 时，翻转前 n 个骰子并放到最后（假设翻转前后的点数之和为 7。也就是说，1 点翻转后为 6 点，2 点翻转后为 5 点，3 点翻转后为 4 点）。如果重复这个过程，就会出现同样的点数序列循环的情况。

例1）

⋯⋯第 1 个骰子点数为 1，翻转第 1 个骰子并放到最后

↓

⋯⋯第 1 个骰子点数为 2，翻转前 2 个骰子并放到最后

↓

⋯⋯第 1 个骰子点数为 4，翻转前 4 个骰子并放到最后

↓

⋯⋯第 1 个骰子点数为 5，翻转前 5 个骰子并放到最后

↓

⋯⋯点数序列和起始时一致，从这里开始重复上述步骤

例2） 343434→434434→343433→433434→343443→ ※ 点数序列和起始时一
致，从这里开始重复上
443434→343343→343434   述步骤

例3） 132564→325646→646452→131325→313256→ ※ 点数序列和第 3 步时
一致，从这里开始重复
256464→646452   第 3 步及以后的步骤

例4） 616161→161616→616166→161611→616116→ ※ 数字序列和第 2 步时
一致，从这里开始重复
161661→616616→161161→611616→166161→   第 2 步及以后的步骤
661616→116161→161616

可以注意到，像例 3 和例 4 这样，有些点数序列不会进入循环（132564、325646、616161 等）。

问题

求像上面这样未进入循环的点数序列的个数。

从最开始的点数序列开始逐一尝试也是一种方法，不过最好尽量缩小搜索范围。

思路

对于这种难度的问题，使用全量搜索就足以解答（不同的实现方法处理时间不一样，如果花费了 5 秒以上，最好修正一下程序逻辑）。

那么，我们首先用全量搜索的方法试试看。如果把骰子的点数序列看成六进制数，就可以轻松地把点数序列表示出来了。用六进制数表示时，数字是 0~5，只需分别加 1 就可以变为 1~6 了。用 Ruby 实现时，程序逻辑如代码清单 36.01 所示。

代码清单 36.01（q36_01.rb）

```ruby
# 获取下一个点数序列
def next_dice(dice)
  right = dice.slice!(0..(dice[0].to_i - 1)).tr('123456','654321')
  dice += right
end

count = 0
(6**6).times{|i|
  # 如果用六进制数表示，只需加上 111111 就可以变为 1 ~ 6
  dice = (i.to_s(6).to_i + 111111).to_s
  check = Hash.new
  j = 0

  # 找下一个序列，直到进入循环
  while !check.has_key?(dice) do
    check[dice] = j
    dice = next_dice(dice)
    j += 1
  end

  # 定位循环位置，如果在循环范围外，则计数
  count += 1 if check[dice] > 0
}
puts count
```

把骰子的点数序列看成六进制数……这个思路和上一题一样呢。

这种灵活的思路可以大大简化代码哦。

不过处理时间有点长，字符串和数值转换好像会影响性能。

的确，一般来说，如果更注重性能，则要避免字符串和数值的相互转换。

接下来试试看不用字符串，单纯用整数来处理的情况。下面这段代码就是只用整数实现相同的处理（代码清单 36.02）。

代码清单 36.02（q36_02.rb）

```ruby
# 获取下一个点数序列
def next_dice(dice)
  top = dice.div(6**5)
  left, right = dice.divmod(6**(5 - top))
  (right + 1) * (6**(top + 1)) - (left + 1)
end

count = 0
(6**6).times{|i|
  check = Array.new

  # 找下一个序列，直到进入循环
  while !check.include?(i) do
    check << i
    i = next_dice(i)
  end

  # 定位循环位置，如果在循环范围外，则计数
  count += 1 if check.index(i) != 0
}
puts count
```

处理时间缩短到了原来的三分之一左右呢。

这里的性能优化技巧还可以应用在其他场景哦。

不过，这里用的还是全量搜索，所以同样的数字可能会被多次处理。不如把已经搜索过的数字记录下来？

要记录已搜索的值，需要准备一个包含 6^6 个元素的数组，然后把搜索过的值存入数组，具体如代码清单 36.03 所示。

代码清单 36.03（q36_03.rb）

```ruby
# 获取下一个点数序列
def next_dice(dice)
  top = dice.div(6**5)
  left, right = dice.divmod(6**(5 - top))
  (right + 1) * (6**(top + 1)) - (left + 1)
end

# 记录已搜索的值（0：未搜索，1：循环外，2：循环内）
all_dice = Array.new(6 ** 6, 0)
(6**6).times{|i|
  if all_dice[i] == 0 then
    check = Array.new
    while (all_dice[i] == 0) && (!check.include?(i)) do
      check << i
      i = next_dice(i)
    end
    index = check.index(i)
    if (index) then # 循环发生点，这个位置前是循环外
      check.shift(index).each{|j| all_dice[j] = 1}
      check.each{|j| all_dice[j] = 2}
    else # 包含已搜索值时为循环外
      check.each{|j| all_dice[j] = 1}
    end
  end
}
puts all_dice.count(1)
```

 厉害！处理时间又缩短了三分之二。与最开始的版本相比，几乎是 10 倍之差了。

 要经常有意识地去尽量缩小搜索的范围哦。

上述处理用 JavaScript 实现时，可以像代码清单 36.04 这样实现。需要注意的是，进行除法运算时会产生浮点小数，所以要统一为整数处理。

代码清单 36.04（q36_04.js）

```javascript
function next_dice(dice){
  var top = parseInt(dice / Math.pow(6, 5));
  var left = parseInt(dice / Math.pow(6, 5 - top));
  var right = dice % Math.pow(6, 5 - top);
  return (right + 1) * Math.pow(6, top + 1) - (left + 1);
}

var all_dice = new Array(Math.pow(6, 6));
for (i = 0; i < Math.pow(6, 6); i++){
  all_dice[i] = 0;
}
for (i = 0; i < Math.pow(6, 6); i++){
  if (all_dice[i] == 0){
    check = new Array();
    while ((all_dice[i] == 0) && (check.indexOf(i) == -1)){
      check.push(i);
      i = next_dice(i);
    }
    index = check.indexOf(i);
    if (index >= 0){
      for (j = 0; j < check.length; j++){
        if (j < index){
          all_dice[check[j]] = 1;
        } else {
          all_dice[check[j]] = 2;
        }
      }
    } else {
      for (j = 0; j < check.length; j++){
        all_dice[check[j]] = 1;
      }
    }
  }
}
cnt = 0;
for (i = 0; i < Math.pow(6, 6); i++){
  if (all_dice[i] == 1) cnt++;
}
console.log(cnt);
```

 能不能根据点数序列的规律再优化一下呢？

Point

性能优化到这个程度就差不多了，下面看看逻辑上能不能再优化一下。为得到以 1 开头的点数序列，上一个点数序列必须是下面这样的。

11xxxx, 2x1xxx, 3xx1xx, 4xxx1x, 5xxxx1, 6xxxxx

这时，下一个点数序列为 1xxxx6, 1xxx5x, 1xx4xx, 1x3xxx, 12xxxx, 1xxxxx。也就是说，第 n 个数为 n。

反过来看，如果开头是 1，而第 n 个数不是 n，那么一定不会进入（以 1 开头的）循环。同样地，要得到以 2 开头的点数序列，则上一个点数序列需要是下面这样的。

12xxxx, 2x2xxx, 3xx2xx, 4xxx2x, 5xxxx2

这时，下一个点数序列为 2xxxx6, 2xxx5x, 2xx4xx, 2x3xxx, 22xxxx。同样地，这里也是第 n 个数为 n。

以其他数开头的点数序列也一样，第 n 个数不是 n 的点数序列都不会进入循环，而是以这个数为起点，所以搜索时可以从这样的数开始。

 不过，即便加上这样的逻辑，搜索次数也没有减少很多，所以处理速度的改善很有限吧。

本题主要比较的是结合了字符串的处理和单纯的整数处理的性能，告诉大家即便仅仅是尽量只用整数处理，也能实现高速处理。所以，请有意识地多尝试不同的实现，看看不同的做法会给处理速度带来何种程度的变化。

 答案 28908 个

Q37

IQ:100 | **目标时间：30分钟**

翻转 7 段码

计算器、运动计时器等所用的"7 段显示屏"（7-segment display）是使用如 图8 所示的 7 个部分的亮灭来显示 1 个数字的（这里有 A～G 这 7 个比特，对应比特为 1 时亮灯，为 0 时灭灯）（ 表3 、 图8 ）。

表3 用于显示各个数字的比特的序列

n	A	B	C	D	E	F	G
0	1	1	1	1	1	1	0
1	0	1	1	0	0	0	0
2	1	1	0	1	1	0	1
3	1	1	1	1	0	0	1
4	0	1	1	0	0	1	1
5	1	0	1	1	0	1	1
6	1	0	1	1	1	1	1
7	1	1	1	0	0	0	0
8	1	1	1	1	1	1	1
9	1	1	1	1	0	1	1

图8 7 段显示屏的亮灯示例

现在假设我们要使用这样的显示屏分别依次显示 0~9 这 10 个数字。显示当前数字时，如果应亮灯部分与显示上个数字时相同，则依然保持亮灯；同样地，如果应灭灯部分相同，也依然保持灭灯，也就是说，这里是通过只切换有变化的部分的灯的亮灭来显示下一个数字的。

问题

求把 10 个数字全部显示出来时，亮灯／灭灯的切换次数最少的显示顺序，并求这个切换次数。

只要7个比特就能显示全部数字了呢，前人的智慧真伟大！

这次只是遍历全部显示顺序，全量搜索求所有切换次数吧。

即便是全量搜索，也请考虑一下怎样才能缩短处理时间。

思路

举个例子，如下所示，当显示顺序为 0123456789 时，需要切换 28 次。

0→1: 4次（切换 A、D、E、F）

1→2: 5次（切换 A、C、D、E、G）

2→3: 2次（切换 C、E）

3→4: 3次（切换 A、D、F）

4→5: 3次（切换 A、B、D）

5→6: 1次（切换 E）

6→7: 5次（切换 B、D、E、F、G）

7→8: 4次（切换 D、E、F、G）

8→9: 1次（切换 E）

只需要把 0~9 这 10 个数字的排列顺序全部遍历一下就可以了。这个做法需要遍历 10!（10 的阶乘）次，全量搜索就足以解题了。

的确可以通过全量搜索来解题，问题是，切换处理怎么实现呢?

因为只有亮灯和灭灯两种状态，所以我觉得，和问题中一样，用二进制数表示就可以了。

0和1的切换用位运算可以高速实现。不过，本题用异或运算（XOR）处理起来比较简单。异或运算在 Q21 里出现过哦。

根据题意，用 Ruby 实现时，代码如代码清单 37.01 所示。

```
代码清单 37.01（q37_01.rb）

# 定义表示 0 ~ 9 的比特序列
bit = [0b1111110, 0b0110000, 0b1101101, 0b1111001, 0b0110011,
       0b1011011, 0b1011111, 0b1110000, 0b1111111, 0b1111011]

# 每次设置翻转比特序列的值为初始值
min = 63
```

```
# 在 0 ~ 9 组成的序列中，搜索替换次数最少的序列
(0..9).to_a.permutation.each{|seq|
  sum = 0
  (seq.size - 1).times{|j|
    # 执行异或运算，计算结果中 1 的个数
    sum += (bit[seq[j]]^bit[seq[j+1]]).to_s(2).count("1")
    break if min <= sum
  }
  min = sum if min > sum
}
puts min
```

程序逻辑是"用数组表示显示顺序，对相邻元素执行异或运算"吧，真是简单易懂呢。

不过，处理速度还是太慢。即便用最近这几年的 PC 执行也要花费 20 秒左右。

Point

本题的关键在于如何统计比特数。异或运算的速度很快，但后面需要转化成二进制数，所以每次都要转换成字符串。下面想办法来优化一下这部分吧。

下面我们对循环中的统计部分进行事先处理，然后保存起来（代码清单 37.02）。

代码清单 37.02（q37_02.rb）

```
# 定义表示 0 ~ 9 的比特序列
bit = [0b1111110, 0b0110000, 0b1101101, 0b1111001, 0b0110011,
       0b1011011, 0b1011111, 0b1110000, 0b1111111, 0b1111011]

# 事先得出异或运算结果
flip = Array.new(10)
(0..9).each{|i|
  flip[i] = Array.new(10)
  (0..9).each{|j|
    flip[i][j] = (bit[i]^bit[j]).to_s(2).count("1")
```

```
    }
}

# 每次设置翻转比特序列后的值为初始值
min = 63
(0..9).to_a.permutation.each{|seq|
  sum = 0
  (seq.size - 1).times{|j|
    # 获得保存好的值
    sum += flip[seq[j]][seq[j+1]]
    break if min <= sum
  }
  min = sum if sum < min
}
puts min
```

 相邻数字也就是0~9这些数字的组合，最多有10×10也就是100种组合。上面这个程序就是提前执行这些组合之间的异或运算。

这样处理之后，大概只需要6秒就可以处理完成。想必大家这就可以实际地体会到字符串处理是多么花时间了。

下面进一步挖掘性能优化的关键点。Ruby 的 permutation 实现速度不快，所以可以通过代码清单 37.03 这样的写法进一步提升性能。

代码清单 37.03（q37_03.rb）

```
# 定义表示 0~9 的比特序列
bit = [0b1111110, 0b0110000, 0b1101101, 0b1111001, 0b0110011,
       0b1011011, 0b1011111, 0b1110000, 0b1111111, 0b1111011]

# 事先得出异或运算结果
@flip = Array.new(10)
(0..9).each{|i|
  @flip[i] = Array.new(10)
  (0..9).each{|j|
    @flip[i][j] = (bit[i]^bit[j]).to_s(2).count("1")
  }
}

# 每次设置翻转比特序列后的值为初始值
@min = 63
```

```ruby
# 递归搜索
# is_used ：各数字是否已使用
# sum ：已使用数字的翻转次数
# prev ：上一次使用的数字
def search(is_used, sum, prev)
  if is_used.count(false) == 0 then
    @min = sum
  else
    10.times{|i|
      if !is_used[i] then
        is_used[i] = true
        next_sum = 0
        next_sum = sum + @flip[prev][i] if prev >= 0
        search(is_used, next_sum, i) if @min > next_sum
        is_used[i] = false
      end
    }
  end
end
search(Array.new(10, false), 0, -1)
puts @min
```

这样改写后，处理时间就可以控制在 0.5 秒以内了。执行前面所有程序都可以得到结果 "13"。

同样是全量搜索，使用递归搜索方法有时候更快呢。

似乎换用其他语言实现也不是很难。

用 JavaScript 实现时，代码如代码清单 37.04 所示。

代码清单 37.04（q37_04.js）

```javascript
bit = [0b1111110, 0b0110000, 0b1101101, 0b1111001, 0b0110011,
       0b1011011, 0b1011111, 0b1110000, 0b1111111, 0b1111011];

/* 统计比特序列中 1 的个数 */
function bitcount(x) {
```

```
    x = (x & 0x55555555) + (x >> 1 & 0x55555555);
    x = (x & 0x33333333) + (x >> 2 & 0x33333333);
    x = (x & 0x0F0F0F0F) + (x >> 4 & 0x0F0F0F0F);
    x = (x & 0x00FF00FF) + (x >> 8 & 0x00FF00FF);
    x = (x & 0x0000FFFF) + (x >> 16 & 0x0000FFFF);
    return x;
}

var flip = new Array(10);
for (i = 0; i < 10; i++){
  flip[i] = new Array(10);
  for (j = 0; j < 10; j++){
    flip[i][j] = bitcount(bit[i]^bit[j]);
  }
}

var min = 63;
function search(is_used, sum, prev){
  if (is_used.indexOf(false) == -1){
    min = sum;
  } else {
    for (var i = 0; i < 10; i++){
      if (!is_used[i]){
        is_used[i] = true;
        var next_sum = 0;
        if (prev >= 0)
          next_sum = sum + flip[prev][i];
        if (min > next_sum)
          search(is_used, next_sum, i);
        is_used[i] = false;
      }
    }
  }
}
is_used = [false, false, false, false, false,
           false, false, false, false, false];
search(is_used, 0, -1)
console.log(min);
```

答案 **13次**

（例：按照 0 → 8 → 6 → 5 → 9 → 4 → 1 → 7 → 3 → 2 这个顺序显示）

Q38

IQ:110 **目标时间：40分钟**

填充白色

把 4×4 的方格分别涂成黑色和白色。对任意方格，当选中一个方格的时候对该方格所在的行和列全部进行反色（白→黑，黑→白）填充处理（其他行列不变）。

只要反复进行这个处理，无论初始状态如何，一定能使所有方格全部变为白色（ 图9 ）。这里我们要按照能以最多次数把所有方格都变成白色的顺序来选择方格（不能重复选择同一方格）。

例）

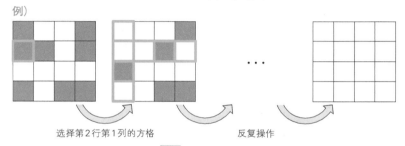

选择第2行第1列的方格　　　　反复操作

图9 反转方格颜色

问题

请思考这种选择方格次数（反色操作的次数）最多的初始状态，并求这个最多次数是多少。举个例子，如 图10 所示的情况只需要 3 次操作就能把全部方格变为白色（ 图10 ）。

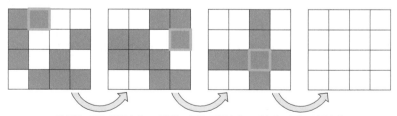

选择第1行第2列的方格　　选择第2行第4列的方格　　选择第3行第3列的方格

图10 全部填充为白色时的示例（方格选择次数为3次）

还要考虑会不会变成无限循环吧？我只能想到"只要出现了相同的模式就终止循环"。

在出现相同模式的时候终止搜索也是一种办法。不过，如果按照题意，从所有初始状态开始遍历并判断方格是否会全部变为白色，那么花费的时间就会很长。

Point

其实可以根据题意逆向思考，我们可以把问题解读成"从全部方格都是白色的状态开始反转颜色并遍历，直至回到初始状态，然后找出其中反转操作次数最多的初始状态"。

说起来，好像之前的问题里也提到过"逆向思考"呢。

这么一逆向思考就可以知道，出现相同模式时，一定还有其他更好的操作步骤。

接下来就是决定怎么表示每个方格上的颜色了。

颜色只有黑色和白色，因此可以把黑色设为 1，白色设为 0，而 4×4 的 16 个方格可以用 16 个比特位的整数来表示。这样一来，问题中出现的 图9 就可以表示为"1001110100001011"（每 4 位表示 1 行）。

反转颜色可以用位运算（异或运算）来进行。然后，只需要为反转操作准备一个位掩码就可以简洁地实现了。

用 IP 地址给网络分段时的"子网掩码"用的就是位掩码这个思路。

用 Ruby 实现时，代码如代码清单 38.01 所示。

代码清单 38.01（q38_01.rb）

```
# 设置反转用的掩码
mask = Array.new(16)
4.times{|row|
  4.times{|col|
    mask[row * 4 + col] =
      (0b1111 << (row * 4)) | (0b1000100010001 << col)
  }
}

max = 0
# 保存步骤数的数组
steps = Array.new(1 << 16, -1)
# 从所有方格都为白色开始
steps[0] = 0
# 保存检查对象的数组
scanner = [0]
while scanner.size > 0 do
  check = scanner.shift
  next_steps = steps[check] + 1
  16.times{|i|
    n = check ^ mask[i]
    # 如果未检查过，则进一步搜索
    if steps[n] == -1 then
      steps[n] = next_steps
      scanner.push(n)
      max = next_steps if max < next_steps
    end
  }
end

puts max # 最大步骤数
puts steps.index(max).to_s(2)  # 初始状态的方格：全黑
p steps.select{|i| i == -1} # 不存在不能全部变为白色的初始状态
```

前8行代码就是设置位掩码吧？可是，第6行我完全看不懂。

可以试试把实际的row和col依次代入并计算。从二进制数这一点来思考就会发现，第6行表示的是反转的位置。举个例子，当row和col都是0的时候，这个二进制数应该是0b1000100011111。

原来如此。是把像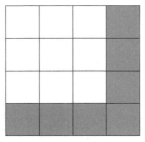图11左侧这样的位置反转的意思啊。当row和col都是2的时候就是图11右侧的图了吧。

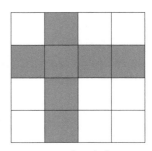

row = 0、col = 0　　　　　　　　　　row = 2、col = 2

图11　row和col同时为0和同时2的情况

　　执行代码后可以看到，结果是"16"，并且当步骤数为16时，初始状态是全部方格都为"黑色"。此外，我们还可以看到，数组中全部序列都能求得相应次数，也就是说，无论初始状态如何，最终一定能都变成"白色"。

无论什么样的初始状态最后都能反转成白色，好神奇。

 16 次

Q39 反复排序

IQ:100 **目标时间：30分钟**

假设有标注了 1, 2, 3, …, n 各个数字的 n 张卡片。当第 1 张卡片的数字为 k 时，则把前 k 张卡片逆向排序，并一直重复这个操作。举个例子，当 $n = 6$ 时，如果由"362154"这个序列开始，则卡片的变化情况如下。

3 6 2 1 5 4
↓ ……第1张卡片是3，把前3张卡片逆向排序
2 6 3 1 5 4
↓ ……第1张卡片是2，把前2张卡片逆向排序
6 2 3 1 5 4
↓ ……第1张卡片是6，把前6张卡片逆向排序
4 5 1 3 2 6
↓ ……第1张卡片是4，把前4张卡片逆向排序
3 1 5 4 2 6
↓ ……第1张卡片是3，把前3张卡片逆向排序
5 1 3 4 2 6
↓ ……第1张卡片是5，把前5张卡片逆向排序
2 4 3 1 5 6
↓ ……第1张卡片是2，把前2张卡片逆向排序
4 2 3 1 5 6
↓ ……第1张卡片是4，把前4张卡片逆向排序
1 3 2 4 5 6
（第1张卡片是1，故卡片顺序不再变化）

这种情况下，卡片顺序一共变化 8 次后就无法继续变化了。

问题

求当 $n = 9$ 时，使卡片顺序变化次数最多的 9 张卡片的顺序。

Hint!

比起按照题中的方式处理，逆向思考的方式可以更好地缩小搜索范围哦。

首先按照题中的方式直接进行全量搜索。如果用 Ruby 递归搜索，则代码如代码清单 39.01 所示。

代码清单 39.01（q39_01.rb）

```ruby
N = 9
@max = 0
@max_list = Hash.new

def solve(cards, init, depth)
  if cards[0] == 1 then
    if @max < depth then
      @max = depth
      @max_list.clear
    end
    @max_list[init] = cards if @max == depth
  else
    solve(cards[0..(cards[0] - 1)].reverse + cards[cards[0]..N],
          init, depth + 1)
  end
end

(1..N).to_a.permutation.each{|i| solve(i, i, 0)}
puts @max
puts @max_list
```

"卡片初始状态用数组表示，在数组第1个元素变为1之前遍历所有情况"，是这样的逻辑吧？这种程度的代码，我已经理解了哦。

我仔细想了想，发现当第1张卡片数字为n的时候，下一步这张卡片就会变成第n张卡片。这么一来，第n张卡片为n的序列就一定存在上一步骤。

能注意到这一点非常重要。如果能过滤掉无需搜索的序列，那么搜索范围可以缩小，也就能进一步缩短处理时间。

如果我们试着不使用 permutation，而是使用递归生成序列，并排除第 n 张卡片是 n 的情况，则可以得到代码清单 39.02 这样的实现。

```ruby
N = 9
@max = 0
@max_list = Hash.new

def solve(cards, init, depth)
  if cards[0] == 1 then
    if @max < depth
      @max = depth
      @max_list.clear
    end
    @max_list[init] = cards if @max == depth
  else
    solve(cards[0..(cards[0] - 1)].reverse + cards[cards[0]..N],
          init, depth + 1)
  end
end

def pattern(used, unused, index)
  if unused.empty?
    solve(used, used, 0)
  else
    unused.select{|i| index + 1 != i}.each{|i|
      pattern(used + [i], unused - [i], index + 1)
    }
  end
end

pattern([], (1..N).to_a, 0)
puts @max
puts @max_list
```

> ## Point
>
> 事实上，这个问题也可以用之前提到的"逆向思考"方法，从第 1
> 个数字为 1 的情况倒推（代码清单 39.03）。这样可以进一步缩小搜索范
> 围，从而提高处理速度。

代码清单 39.03（q39_03.rb）

```
N = 9
@max = 0
@max_list = Hash.new

def solve(cards, init, depth)
  (1..(cards.size - 1)).each{|i|
    if i + 1 == cards[i] then
      solve(cards[0..i].reverse + cards[(i+1)..N],
            init, depth + 1)
      check = true
    end
  }
  if @max < depth then
    @max = depth
    @max_list.clear
  end
  @max_list[cards] = init if @max == depth
end

(2..N).to_a.permutation.each{|i| solve([1] + i, [1] + i, 0)}
puts @max
puts @max_list
```

前面 3 个程序都能给出正确答案 "615972834"。处理次数为 30 次，处理结束后答案就会排成 "123456789" 这个整齐的数字。

※ 不过如果 *n* 等于其他值，则可能会有多个结果，并且最终序列也不一定是这样整齐地排序后的序列。

这里仍然是用 permutation 实现的。如果转换成递归实现，那么用其他语言也可以简单地实现这里的逻辑。

 6, 1, 5, 9, 7, 2, 8, 3, 4

Q40 优雅的 IP 地址

IQ:100 **目标时间：30分钟**

可能本书大部分读者都清楚，IPv4 中的 IP 地址是二进制的 32 位数值。不过，这样的数值对我们人类而言可读性比较差，所以我们通常会以 8 位为 1 组分割，用类似 192.168.1.2 这种十进制数来表示它（ 图12 ）。

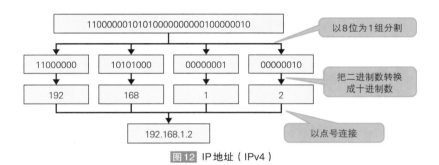

图12 IP 地址（IPv4）

这里，我们思考一下十进制数 0~9 这 10 个数字各出现 1 次的 IP 地址（像正常情况一样，省略每组数字首位的 0。也就是说，不能像 192.168.001.002 这样表示，而要像 192.168.1.2 这样来表示）。

问题

求用二进制数表示上述形式的 IP 地址时，能使二进制数左右对称的 IP 地址的个数（用二进制数表示时不省略 0，用完整的 32 位数表示）。

IPv4的IP地址用十进制数表示时，以点号分割的各部分数字都在 0~255 这个范围内。每个数字都使用到并不难，难的是"各出现 1 次"……

Hint!

我们可以这么思考：IP 地址是用点号分割的，注意到这一点，就可以通过求"比特列为 8 位且左右对称"的数值，并将其设置在以点号分割的各部分上来解题。

思路

按照题意,用十进制数表示时要使用 0~9 这 10 个数字各 1 次,那么最高位是除 0 以外的 9 种情况,而其他各个数位可分别使用 0~9 这 10 个数字各 1 次,其排列组合一共 9!(9 的阶乘)种,所以总共要遍历 9 × 9! 种,也就是 3265920 种情况。

不想这样全量搜索啊……需要的处理时间很长,完全是暴力破解法的感觉。

IP 地址各个部分上的数值最大只能是 255,因此用 10 个数字表示就是"2 组 3 位数字,2 组 2 位数字"这 4 组数字(1XX, 2XX, XX, XX),这个思路可以吧?

这也是一种思路,不过这里我们试试逆向思考,从二进制数开始处理吧。

要想求左右对称的二进制数,可以通过把 16 位的二进制数逆序排列,并将结果与该 16 位的二进制数本身拼合,即生成 32 位数来求得。因为是 16 位,所以全量搜索时只需要遍历 65536 种情况即可。

然后,把这个二进制数转换成十进制数,分别使用 0~9 这 10 个数字各 1 次即可。

这样一来,就比遍历十进制数的方法更实际了呢。剩下的就只是把二进制数转换成十进制数,按比特位分割就可以了。似乎用目前的知识就完全可以解题呢。

用 Ruby 实现时,代码如代码清单 40.01 所示。

代码清单 40.01(q40_01.rb)

```
ip = Array.new
(1 << 16).times{|i|
  # 反转 16 位的数字
  j = ('%016b' % i).reverse.to_i(2)

  # 生成以点号分割的十进制数字符串
  s = '%d.%d.%d.%d' % [i>>8, i&0xff, j>>8, j&0xff]
```

```
  # 如果只用到了 10 个数字和点号，则添加到数组中
  ip.push(s) if s.split("").uniq.length == 11
}
puts ip.size
puts ip
```

执行程序可得到正确答案"8"，因而符合条件的 IP 地址有 8 个，如 表4 所示。

表4 符合条件的IP地址

34.179.205.68	34.205.179.68
68.179.205.34	68.205.179.34
179.34.68.205	179.68.34.205
205.34.68.179	205.68.34.179

 看看这些结果，能不能发现什么规律呢？

 我知道了！"左右对称"也就是说，根本没有必要让16位对称，只要遍历8位就足够了。

Point

用十进制数表示的时候，如果以点号分割的各部分左右对称，那么整体也就左右对称，因而只需要调查 0~255 这些数对应的二进制数中左右对称的数就可以了。也就是说，A.B.C.D 这种形式中，A 要和 D 对称，B 要和 C 对称。

下面我们试着找出 A~D 的各种组合中，0~9 这 10 个数字各使用 1 次的组合。每组（A, D），（B, C）生成的 IP 地址有 8 种情况，所以用组合数乘以 8 就可以求出结果。

用 Ruby 实现时，代码如代码清单 40.02 所示。

代码清单 40.02（q40_02.rb）

```
val = []
256.times{|i|
  # 反转 0~255
  rev = ('%08b'%i).reverse.to_i(2)

  if i < rev then
    s = i.to_s + rev.to_s
    # 如果 0~9 这 10 个数字各使用 1 次，就符合条件
    val.push([i, rev]) if s.split('').uniq.size == s.length
  end
}

ip = []
val.combination(2){|a, b|
  # 如果 0~9 这 10 个数字各使用 1 次，就形成分组
  ip.push([a, b]) if (a + b).join.split('').uniq.size == 10
}
# 输出各分组组合结果
puts ip.size * 8
```

只需要遍历256个数字，所以几乎一瞬间就能求得答案！

洞见问题特征的能力非常重要哦。

 8个

Q41

IQ:100 目标时间:30分钟

只用 1 个数字表示 1234

这里我们思考一下通过四则运算，只使用 1 个数字来表示某个数的情况。例如 1000 这个数，如果只用 1，则可以用 7 个 1，即 1111 − 111 来表示；如果只用 8，则可以用 8 个 8，即 8 + 8 + 8 + 88 + 888 来表示；如果只用 9，则可以用 5 个 9，即 9 ÷ 9 + 999 来表示。

假设我们只能使用四则运算符（ + 、 − 、 × 、 ÷ ），不能使用改变运算优先度的括号，而运算顺序同数学上的运算法则，即"先乘除后加减"。此外，使用除法运算时结果只取整数（譬如 111 ÷ 11 = 10 ）。

问题

求只用 1 个数字表示 1234，且要尽可能少地使用该数字时，使用哪个数字才能使该数字出现个数最少呢？最终的算式又是怎样的呢？

四则运算我们在 Q02 中学习过。不过如果只用 1 个数字，会不会无论用多少个该数字，也没办法表示最终的结果呢？感觉会陷入无限循环啊。

Hint!

如果用"1"来表示最终的结果，那么通过简单的加法（"最终结果"个 1 相加）就能完成。如果使用其他数字，那么最多使用"最终结果的两倍"那么多的数字，应该也就可以了。例如，如果使用数字"9"，则可以通过"最终结果"个"9 ÷ 9"相加来表示最终结果。

有些编程语言里有支持直接执行算式的函数，有些编程语言则没有，这一点在 Q02 中提过。对于存在 eval 函数的语言，只需要生成算式再执行 eval 就可以得到结果。

另外，对于除法运算，有些编程语言会取整，有些编程语言则会保留小数部分。如果保留小数部分，则不能直接用于本题，这就需要寻找其他方法。

接下来关键在于怎么生成算式。如果使用 Ruby，可以利用 repeated_permutation 函数来生成重复排列，因此只需要用运算符排列组合就可以生成算式了。

另外，Ruby 的 eval 函数对除法运算作了取整处理，具体如代码清单 41.01 所示。

```
代码清单 41.01（q41_01.rb）

op = ['+', '-', '*', '/', '']
found = false
len = 1
while !found do
  op.repeated_permutation(len){|o|
    (1..9).to_a.each{|i|
      expr = o.inject(i.to_s){|l, n| l + n + i.to_s}
      if eval(expr) == 1234 then
        puts expr
        found = true
      end
    }
  }
  len += 1
end
```

思路是逐步增多使用的数字，然后生成算式啊。第7行有个inject，总觉得这里的用法和之前不一样，这是什么用法呢？

目前为止，inject都用在数组的加法运算上。上述用法是利用inject对特定数组重复执行某个代码块。可以看到，这里先在括号内设置了初始值，然后针对数组元素重复排列了运算符和数字。

所以这里不只是单纯的加法，还执行了字符串连接处理呢。

使用其他编程语言时，可能还要自己实现重复排列，所以下面我们利用递归把算式的生成实现一下（代码清单 41.02）。

代码清单 41.02（q41_02.rb）

```ruby
@found = false
@op = ['+', '-', '*', '/', '']
def check(n, expr, num)
  if n == 0 then
    if eval(expr) == 1234 then
      puts expr
      @found = true
    end
  else
    @op.each{|i|
      check(n - 1, "#{expr}#{i}#{num}", num)
    }
  end
end
len = 1
while !@found do
  (1..9).to_a.each{|num|
    check(len, num, num)
  }
  len += 1
end
```

有了这个方法，用其他语言也可以很简单地实现了呢。

如果是不支持 eval 的语言，那么还需要实现算式运算部分，除法也要作特殊处理。不过这只是简单的四则运算，所以大家可以尝试实现一下。

答案 $99999 \div 9 \div 9$

Q41   只用 1 个数字表示 1234 | 163

➡ Column

太方便了就会懒得记吗

随着手机、智能手机、PC 的普及，越来越多人觉得"已经不会写字了"。我自己也觉得用手写字的机会越来越少了。

不仅仅是文字。十年前开车的时候，副驾驶座上的人还会一手拿着地图帮忙指路。而现在，很多车都安装了导航系统。方便的语音导航功能让我们不再需要费劲去记路线。不仅如此，似乎连方向感都跟着变差了。相比依赖地图的时代，现在似乎记不住那些路线了，或许应该说是"没必要"记了。

电话号码也"没必要"记了。手机普及前，很多人都能记住自己家里的电话号码。因为常常使用公共电话往家里打电话，所以可能是一遍又一遍按数字记住的。不过最近都用手机、智能手机了，只需要从联系人列表里找一下就可以。很多人甚至连家人的电话号码都记不住了。

编程也是这样。前几年代码还都要一行一行用编辑器来写，现在很多情况下都只需要利用输入自动补全功能，从备选的语句里选择一下就好了。这样一来，具体的方法名称等都不再需要记忆。直接使用高级语言里封装好的函数也是其中一个例子。

方便是方便了，但也许环境稍加变化，我们就不会编程了。平时一定要注意，不要只依赖方便的工具环境，还要锻炼应对紧急情况的能力。

Q42

将牌洗为逆序

扑克或者花牌的洗牌方法有很多种。假设这里有 $2n$ 张牌，我们从中抽取 n 张牌，放置在其他牌上面，然后重复这个操作（不是分散地抽取，而是抽取连续的一沓牌）。这个过程如 图13 所示。

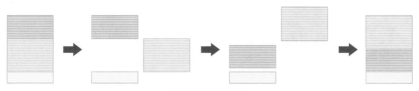

图13 洗牌方法

重复这个操作，直到牌的顺序和最初相反。举个例子，当 $n = 2$ 时，要使 4 张牌逆序，则需要经过 4 个步骤的操作（假设最初的牌从上到下分别是 1、2、3、4）。

> 1 2 3 4
> ↓……第1步（抽出2和3）
> 2 3 1 4
> ↓……第2步（抽出3和1）
> 3 1 2 4
> ↓……第3步（抽出2和4）
> 2 4 3 1
> ↓……第4步（抽出4和3）
> 4 3 2 1

问题

求当 $n = 5$ 时，要使 10 张牌逆序排列最少要经过多少步？

似乎只要全量搜索就可以求出答案了。那这里是不是用反向搜索的方法比较快些呢？

Hint!

如果单纯地反向搜索，搜索范围并不会缩小，不如组合几种方法试试？

思路

这里，我们用数组表示 2n 张牌，并为每张牌设置数字编号，移动数组元素表示洗牌。

然后，确定洗牌时牌的选择范围，即通过按顺序改变选择范围的起点来选择下一个候选范围。虽然抽出的牌固定是 n 张，但也要注意选择范围不能超出数组下标的上限。

如果初始状态是像 1, 2, 3, 4, 5, 6 这样按顺序排列的整数，那么如果洗牌的结果是 6, 5, 4, 3, 2, 1, 就代表洗牌结束，对吧？

是的。不过，我们不知道需要枚举多少次，所以用广度优先搜索比较适合。

用 Ruby 实现时，代码如代码清单 42.01 所示。

```
代码清单 42.01（q42_01.rb）

n = 5

# 设置初始值
cards = [(1..n*2).to_a]
answer = (1..n*2).to_a.reverse

depth = 1
while true do
  # 搜索
  cards = cards.each_with_object([]) do |c, result|
    1.upto(n){|i| result << c[i, n] + c[0, i] + c[i + n..-1]}
  end
  break if cards.include?(answer)
  depth += 1
end

puts depth
```

如果 n = 4，那么程序几乎一瞬间就能执行完毕。不过，本题的 n 为 5，所以需要一些时间。下面尝试优化一下。

Point

如果再结合反向搜索，还可以进一步缩小本题的搜索范围。也就是说，不仅可以从起始状态开始搜索，还可以从最终状态倒推，直到得到同样的序列为止，这样也能求得最少步骤。

举个例子，如果是像代码清单 42.02 这样的实现方法，几乎在 0.5 秒之内就能得出结果。这个实现同样采用了广度优先搜索，不过这里还通过反向洗牌进行了优化。

代码清单 42.02（q42_02.rb）

```
n = 5

# 从起始状态开始搜索的初始值
fw = [(1..n*2).to_a]
# 从最终状态开始反向搜索的初始值
bw = [(1..n*2).to_a.reverse]

depth = 1
while true do
  # 从起始状态开始搜索
  fw = fw.each_with_object([]) do |c, result|
    1.upto(n){|i| result << c[i, n] + c[0, i] + c[i + n..-1]}
  end
  break if (fw & bw).size > 0
  depth += 1

  # 从最终状态开始反向搜索
  bw = bw.each_with_object([]) do |c, result|
    1.upto(n){|i| result << c[n, i] + c[0, n] + c[i + n..-1]}
  end
  break if (fw & bw).size > 0
  depth += 1
end

puts depth
```

原来如此。同时从两个方向进行相似的处理，就可以避免搜索范围进一步扩大，所以速度会更快呢。

不过，如果 n 的值非常大，即使用这种方法也要花很长时间才能求出答案。如果有什么规律就好办了……

可以用内存化方法保存已经搜索过的序列，从而避免重复搜索哦。

 12 步

⊙ Column

双向搜索的效果和注意事项

本题用了从两个方向同时搜索的方法。这个方法就是，在从初始状态开始搜索的同时，也从最终状态开始反向搜索。实际上这种方法并不是同时搜索，而是交互式搜索。最终，在中间位置附近到达同一状态时，就能得出最少步骤。

搜索树结构时，搜索范围会指数式扩大，因此当搜索深度稍微加深时，搜索范围就会大幅度扩大。这时用双向搜索的方法可以控制深度。如果是二叉树，那么当单方向搜索到 10 的时候，搜索范围就变成 2^{10} 了，也就是 1024。如果采用双向搜索，那么两个方向的搜索深度都是 5，最终的搜索范围则是 $2^5 + 2^5$，也就是 64。搜索深度越深、范围越大，效果越明显。

不过，双向搜索只适用于最终状态是特定值的情况。另外，"能不能实现从后向前搜索"也是一个问题。如果这些条件都满足，那么使用双向搜索就可以大幅度提升性能，所以请一定试一试这个方法。

Q43

IQ:110 | **目标时间：40分钟**

让玻璃杯水量减半

有 A、B、C 这三个大小各不相同的玻璃杯。从 A 杯装满水，B 杯和 C 杯都是空杯的状态开始，不断地把水从一个杯子倒到其他杯子里去。

假设不能使用任何辅助测量工具，且倒水时只能倒到这个杯子变为空杯，或者目标杯子满杯的状态。重复这样的倒水操作，使 A 杯剩余水量是"最初的一半"。举个例子，如果 A、B、C 的容量分别为 8、5、3，则可以通过下列步骤来实现（**图14**）。

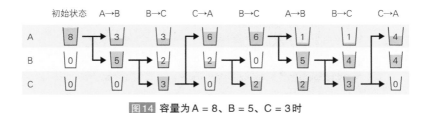

图14 容量为 A = 8、B = 5、C = 3 时

这里规定 B 和 C 的容量是"互质"的两个数，并且满足 B + C = A 和 B > C 这两个条件。

问题

求当 A 的容量为 10~100 的偶数时，能使得"倒水操作后 A 杯水量减半"的 A 杯、B 杯和 C 杯的组合有多少个？

Hint!

只要确定了 A、B、C 中任意两个玻璃杯的容量，剩下一个玻璃杯的容量也就确定了。

单纯作全量搜索时效率很低，所以请优化一下。

思路

本题的关键在于"互质"这个条件。前面提过，互质就是除了 1 或者 −1 以外没有其他公约数的意思。B 和 C 的容量互质，也就是说，它们的"最大公约数为 1"。

为避免全量搜索，一旦某些组合符合问题要求，就结束搜索，从而提升性能。如果用数组表示 A、B、C 中剩余的水量并用 Ruby 实现，则代码如代码清单 43.01 所示。

代码清单 43.01（q43_01.rb）

```
def search(abc, depth, max_abc, log)
  return false if log.has_key?(abc)           # 搜索完成
  return true if abc[0] == max_abc[0] / 2     # 终止条件
  log[abc] = depth
  [0, 1, 2].permutation(2).each{|i, j|
    # 从 A,B,C 中选择 2 个开始倒水
    if (abc[i] > 0) || (abc[j] < max_abc[j])
      next_abc = abc.clone
      move = [abc[i], max_abc[j] - abc[j]].min
      next_abc[i] -= move
      next_abc[j] += move
      return true if search(next_abc, depth + 1, max_abc, log)
    end
  }
  false
end

cnt = 0
10.step(100, 2){|a|
  (1..(a/2 - 1)).each{|c|
    b = a - c
    if b.gcd(c) == 1 then # 互质，也就是最大公约数为 1
      cnt += 1 if search([a, 0, 0], 0, [a, b, c], {})
    end
  }
}
puts cnt
```

 这里是以当前水量作为参数进行递归处理的吧。可是第 8 行为什么要用 clone 呢？

这里的 clone 用于复制数组。数组一般不直接传值，而传递索引（在 Ruby 中也可以说是"索引的值"），因此如果单纯地赋值，会导致递归处理过程中值发生改变。当然还可以用在调用函数后再恢复值的方法，不过，现在这种写法可以避免复杂化。

如果从数学角度思考，还有更简单的解法，那就是使用"扩展欧几里德算法"[1]。

扩展欧几里德算法

假设 x 和 y 是非零的自然数，则存在整数 a 和 b 使 $ax + by = \gcd(x, y)$。而当 x 和 y 互质时，对任意整数 c，一定存在整数 a 和 b 使 $ax + by = c$。

Point

因为 B 和 C 的容量互质，所以存在一个能使 A 水量减半的操作次数（进一步说，虽然问题中要求 A 的水量减半，但事实上，最终我们可以让 A 的水量变为任意整数）。

因此，只要我们求出满足 B + C = A 和 B > C，以及 B 和 C 互质这几个条件的 A、B、C 的组合就可以了。也就是说，没有必要再递归地处理，只需要求得满足条件的组合即可。

用 Ruby 可以简单地实现，代码如代码清单 43.02 所示。

代码清单 43.02（q43_02.rb）

```ruby
cnt = 0
10.step(100, 2){|a|
  (1..(a / 2 - 1)).each{|c|
    b = a - c
    cnt += 1 if b.gcd(c) == 1
  }
}
puts cnt
```

---

[1] Euclidean Algorithm，又名辗转相除法，是求两个正整数之最大公因子的算法。

——编者注

这样一来，程序就变得简单了，处理速度也非常快。即便搜索的数再增大，处理时间也不会增加很多。

这样的程序还是需要有相关知识储备才能写得出来啊。

本题的解说到此结束，不过大家还可以想想怎样才能使倒水的次数最少。本题的示例中，A的容量为8时，除了问题中提供的方法外，还有另一种方法（两者都最少需要倒水7次）。

Point

当 A、B、C 的容量分别为其他值时，搜索后得到的最少倒水次数如下例所示。

例）
10, 9, 1	→	9次
10, 7, 3	→	9次
12, 11, 1	→	11次
12, 7, 5	→	11次
14, 13, 1	→	13次
14, 11, 3	→	13次
14, 9, 5	→	13次
16, 15, 1	→	15次
16, 13, 3	→	15次
⋮		
100, 51, 49	→	99次

也就是说，A 容量减半所需的最少倒水次数是一个比 A 容量本身小 1 的值（如果 B 和 C 容量互质，并且满足 B + C = A 的条件，那么倒水次数就无关紧要了）。

答案 514 个

Q44 质数矩阵

在 n 行 n 列的方格内逐位填写 n 位数的质数，要求不仅横向数字（左→右）是质数，纵向数字（上→下）也要是质数，但相同的质数不能出现多次（只能使用 n 位数的质数，且排除 0 开头的数字）。

举个例子，当 $n = 2$ 时，如 图15 所示，①和②的情况符合要求。①中的质数是 11、13、17、37，而②中的质数是 23、29、37、97，分别使用了 4 个质数。在③中，17 和 73 都出现了 2 次，因此不符合题意。

①

1	3
1	7

②

2	3
9	7

③（NG）

1	7
7	3

④

1	2	7
3	1	3
1	1	3

图15 当 $n = 2$，$n = 3$ 时的示例

问题

求当 $n = 3$ 时，符合要求的数字排列方式有多少种？例如，我们可以使用 113、127、131、211、313、733 这 6 个质数组成上述④的排列方式（另外，矩阵沿对角线翻转后即使质数不变，排列方式也要另外计数）。

向所有的格子里依次填入从 0~9 的数字好像不太现实啊。

不仅要选择 n 位数的质数，还要思考如何缩小填入每个方格的数字的范围。

如果行和列同时交替进值，速度会比较快。

思路

对于这样的问题，如何缩小搜索范围是关键。如果单纯在 9 个方格内填入数字，再检查横向和纵向的数字是否为质数，那么需要进行 10^9 次检查。

10^9 次……也就是 10 亿次啊，感觉处理时间会很漫长呢。

预先准备一个质数的数组怎么样？3 位数的质数并不是很多，只要依次设置这些质数，应该就可以把搜索范围缩小很多。

"分别给这 3 行设置不同的质数，再判断纵向是不是质数"——你说的是这种方法吧？不过，这种方法搜索量也很大，处理时间需要花费几十秒。

嗯，的确会出现太多非质数的值。要是纵向也只需要搜索质数就最好了。

Point

这里稍作优化，即当第 1 行的数字确定之后，把以这些数字开头的质数设置到各列，接着检查第 2、3 行是不是都是质数。

例如用 Ruby 实现时，代码如代码清单 44.01 所示。

代码清单 44.01（q44_01.rb）

```
require "prime"

# 获取 3 位数的质数
primes = Prime.each(1000).select{|i| i >= 100}

# 以首位数字生成哈希表
prime_h = {0 => []}
primes.chunk{|i| i / 100}.each{|k, v|
  prime_h[k] = v
}
```

```
cnt = 0
primes.each{|r1|                             # 第 1 行
  prime_h[r1 / 100].each{|c1|                # 第 1 列
    prime_h[r1 % 100 / 10].each{|c2|         # 第 2 列
      prime_h[r1 % 10].each{|c3|             # 第 3 列
        r2 = (c1 % 100 / 10) * 100 + (c2 % 100 / 10) * 10 +
             (c3 % 100 / 10)
        r3 = (c1 % 10) * 100 + (c2 % 10) * 10 + (c3 % 10)
        if primes.include?(r2) && primes.include?(r3) then
          cnt += 1 if [r1, r2, r3, c1, c2, c3].uniq.size == 6
        end
      }
    }
  }
}
puts cnt
```

这样一来，处理时间就缩短到了 5 秒左右。

 即使只确定了第 1 位数字，范围也能一下子缩小很多呢。

 如果能确定第 2 行的第 1 位数字，还可以进一步缩小范围呢。

 那么，接下来像代码清单 44.02 这样，行和列交替进值试试吧。

代码清单 44.02（q44_02.rb）

```
require "prime"

# 获取 3 位数的质数
primes = Prime.each(1000).select{|i| i >= 100}

# 以首位数字生成哈希表
prime_h = {0 => []}
primes.chunk{|c| c / 100}.each{|k, v|
  prime_h[k] = v
}
```

```
cnt = 0
primes.each{|r1|                                       # 第 1 行
  prime_h[r1 / 100].each{|c1|                          # 第 1 列
    prime_h[(c1 % 100) / 10].each{|r2|                 # 第 2 行
      prime_h[(r1 % 100) / 10].each{|c2|               # 第 2 列
        if (r2 % 100) / 10 == (c2 % 100) / 10 then     # 中心点
          prime_h[c1 % 10].each{|r3|                   # 第 3 行
            if c2 % 10 == (r3 % 100) / 10 then
              c3 = (r1 % 10) * 100 + (r2 % 10) * 10 + (r3 % 10)
              if primes.include?(c3) then  # 第 3 列是不是质数
                cnt += 1 if [r1, r2, r3, c1, c2, c3].uniq.
size == 6
              end
            end
          }
        end
      }
    }
  }
}
puts cnt
```

 处理时间一下子缩短了好多，大概只有1秒。

 处理稍微有点复杂，不过这样的优化挺有意思。

 即便只是加上"最低位上不能出现偶数"这个条件，也能进一步缩小范围哦。

 答案 29490 种

Q45

IQ:105 **目标时间：30分钟**

排序交换次数的最少化

　　排序可以说是算法的基础，其实现方法有很多。这里我们先不关注处理速度，来思考一下交换次数最少的排序方法。

　　举个例子，假设要通过反复交换 1、2、3 这 3 个数字中的 2 个数字，来得到升序有序数列。那么初始数列不同，排序时需要的最少交换次数也不同。

例） 1, 2, 3 → **不用交换**

　　　 1, 3, 2 →（2 和 3 交换）→ 1, 2, 3 （1次）

　　　 2, 1, 3 →（1 和 2 交换）→ 1, 2, 3 （1次）

　　　 2, 3, 1 →（1 和 2 交换）→ 1, 3, 2 →（2 和 3 交换）→ 1, 2, 3 （2次）

　　　 3, 1, 2 →（1 和 3 交换）→ 1, 3, 2 →（2 和 3 交换）→ 1, 2, 3 （2次）

　　　 3, 2, 1 →（1 和 3 交换）→ 1, 2, 3 （1次）

　　也就是说，如果是 1、2、3 这 3 个数字，那么最少交换次数之和为 7。

> **问题**

　　求对于由 1~7 这 7 个数字组成的所有数列，执行以最少交换次数求得升序有序数列的处理时，这些最少交换次数之和。

实际上，反复交换并排序这种方法也是行得通的吧？

Hint!

可以是可以，但太花时间。我们还是从排序前后数字的位置变化这里下手，优化一下吧。

的确，排序前后位置不变的值不需要交换。

Q45　排序交换次数的最少化 | **177**

思路

如果使用实际排序的方法，即便只是求最少次数也很麻烦。因此，可以采用从排序完毕的数列倒推的方法获取交换次数。这里使用广度优先搜索，用 Ruby 实现，代码如代码清单 45.01 所示。

代码清单 45.01（q45_01.rb）

```
N = 7
checked = {(1..N).to_a => 0}    # 已检查的数组
check = [(1..N).to_a]            # 检查目标
depth = 0                       # 交换次数

while check.size > 0 do         # 如果存在检查目标，则循环
  next_check = []
  (0..(N-1)).to_a.combination(2){|i, j|    # 选择两个数字并交换
    check.each{|c|
      d = c.clone
      d[i], d[j] = d[j], d[i]
      if !checked.has_key?(d) then
        checked[d] = depth + 1
        next_check << d
      end
    }
  }
  check = next_check
  depth += 1
end

puts checked.values.inject(:+)
```

如果倒推成功，则可以求出得到目标数列的交换次数。

这样倒是可以求得最少交换次数，但检查对象是所有的数列，处理很花时间呢。

那就根据题意用更简单的方法实现一下吧。

初始状态下和排序后位置一致的数字不需要再参与交换，所以只需要找出和初始状态下的位置不同的数字进行交换就可以了（代码清单45.02）。

代码清单45.02（q45_02.rb）

```ruby
count = 0
(1..7).to_a.permutation.each{|ary|
  ary.size.times{|i|
    j = ary.index(i + 1)
    if i != j then
      ary[i], ary[j] = ary[j], ary[i]
      count += 1
    end
  }
}
puts count
```

这里是用数列表示所有情况，仅仅交换位置发生变化的数字吧？读起来很清晰呢。

这次的数字是1~7，基本上瞬间就能得出答案。如果数字增大，处理时间也会飙升。仅是增大到10，处理起来就很慢了。

这种时候，可以从数学的角度来思考哦。

Point

用数学上的对称群概念来看，答案可以通过巡回置换的乘积来求出，所以可以用下面的递推关系式来表示。

如果用 a_n 表示 1~n 的最少交换次数之和，则可表示为下面这样。

$a_1 = 0$

当 $n > 1$ 时，$a_n = (n-1) \times (n-1)! + n \times a_{n-1}$

接下来实现这个逻辑，代码如代码清单45.03所示。

代码清单 45.03（q45_03.rb）

```ruby
def count_swap(n)
  return 0 if n == 1
  (n - 1) * (1..(n-1)).inject(1, :*) + n * count_swap(n - 1)
end
puts count_swap(7)
```

源代码好短！这次inject的用法就是按顺序对初始值1执行乘法吧。

如果用这个方法，即使是1~100，也可以瞬间求出答案。

看来数学知识也很重要呢。

答案 22212 次

➲ Column

有助于解决数学问题的群论

　　本题的解答提到了 "对称群" "巡回置换" 等概念，它们都是数学 "群论" 分支下的。"鬼脚图" "15 拼图" 等很多问题都可以用群论的知识轻松理解。

　　"群论" 这个词看起来很难，不过很多书都讲解了群论的入门知识，请一定读一读（虽然是入门书，但还需要一定的数学功底才能读懂。最好把高中学习过的数学知识再复习一遍）。

参考：《群论入门：描绘对称性的数学》[①]，芳泽光雄著，讲谈社（BlueBacks 书系）

[①] 原书名为『群論入門 対称性をはかる数学』，尚无中文版。 ——编者注

Q46

唯一的〇× 序列

在 n 行 n 列的矩阵中排列〇和 ×，并统计各行各列的〇的个数。举个例子，当 $n = 3$ 时，我们可以像 图16 中的①这样统计个数。

①

〇 × 〇 → 2
× 〇 〇 → 2
〇 × × → 1
↓ ↓ ↓
2 1 2

②

× 〇 〇 ← 2
〇 × 〇 ← 2
〇 × × ← 1
↑ ↑ ↑
2 1 2

图16 统计〇的个数并重新排列的示例1

然后，反过来根据①的计数结果重新排列每行每列的〇和 ×。这样，我们就可以得到像 图16 中的②这样的结果，即〇的个数和①相同，但位置排列不同。

不过，如果是像 图17 中的③的情形，即便根据统计结果反过来重新排列，也只能排列在与原来一模一样的位置上（图17 中的④）。

③

× × × → 0
× 〇 × → 1
× 〇 × → 1
↓ ↓ ↓
0 2 0

④

× × × ← 0
× 〇 × ← 1
× 〇 × ← 1
↑ ↑ ↑
0 2 0

图17 统计〇的个数并重新排列的示例2

问题

当 $n = 4$ 时，像上述例子一样，根据统计结果重新排列〇和 × 的位置，那么只有 1 种排列方式的〇和 × 的排列一共有多少呢？

Hint!

请先思考一下，什么样的〇和×的排列可以使得重新排列时得到多种排列方式呢？

思路

比较简单的思路是先求出○和 × 的所有排列方式，然后找出重排前和重排后○的统计结果相同的排列方式。以比特位表示各行，1 表示○，0 表示 ×，则 图16 中①的排列可以表示如下。

○ × ○　→　101
× ○ ○　→　011
○ × ×　→　100

如果把上述比特位看作二进制数，则用 Ruby 实现时，代码如代码清单 46.01 所示。把行和列的统计结果作为键，把○的排列个数作为值，保存到哈希表中，最后输出排列个数相同的组合。

代码清单 46.01（q46_01.rb）

```
N = 4
@count = Hash.new(0)

def search()
  # 把各行设置为数值
  (0..(2**N-1)).to_a.repeated_permutation(N).each{|rows|
    # 计算各列○的个数
    col_count = Array.new(N, 0)
    N.times{|c|
      rows.each{|r|
        col_count[c] += 1 if (r & (1 << c) > 0)
      }
    }
    # 计算各行○的个数
    row_count = rows.map{|r| r.to_s(2).count("1")}
    # 用哈希表记录行和列里的○的出现次数
    @count[row_count + col_count] += 1
  }
end

search()
# 输出○的排列相同的组合
puts @count.select{|k, v| v == 1}.count
```

用二进制数来表示我懂，可是第11行不太懂。

c这个变量是column，也就是"列"；r是row，也就是"行"。也就是说，要得出哪一列是○，则要把1左移，并和该行作AND运算，从而得出存不存在○。

各行的○的个数就是二进制数1的个数，所以很简单呢。

当 $n = 4$ 时，这个方法只要几秒就能得出答案。不过，如果 n 增大，处理时间会迅速增加（当 $n = 5$ 时就要 10 分钟以上了）。

Point

接下来，我们再简化一下思路。根据统计的个数反过来能还原出多种排列方式的情形就是，对任意长方形而言，其 4 个角如 图18 所示。

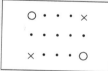

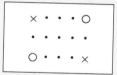

图18 能还原出多种排列方式的情形

因此，这里需要把 图18 的情形排除在搜索对象之外。此时，第 1 行和第 2 行需要满足 图18 的情形。用位运算对这两行执行以下处理，如果两者都非零，那么就属于搜索范围。

·"第 1 行"和"第 2 行的按位取反"作 AND 运算
·"第 1 行的按位取反"和"第 2 行"作 AND 运算

像上面这样检查各行并实现，可得到代码清单 46.02 这样的程序。

代码清单 46.02（q46_02.rb）

```
N = 4

def search(rows)
  return 1 if rows.size == N      # 搜索完所有行后终止搜索
  count = 0
  (2**N).times{|row|
    # 4 个角里的○和×是否交错出现
    cross = rows.select{|r| (row & ~r) > 0 && (~row & r) > 0}
    count += search(rows + [row]) if cross.count == 0
  }
  count
end

puts search([])
```

这样一来，当 n = 4 时瞬间就可以求得结果，即使 n = 5 也只需要几秒，而 n = 6 时则只需要几分钟。

 "～" 这个运算符还是第一次见啊。

 这是按位取反的运算符，可以把所有位上的 0 和 1 互换。

 着眼于四个角……这个办法挺有意思呢。

 答案 6902

Q47 格雷码循环

"格雷码"[①]是一种数字编码方式，其特征是任意相邻的代码只有 1 个位元[②]不同。举个例子，一般的 2 进制数表示的 1 要变为 2 时，是由 001 变为 010，需要改变 2 位；3 要变为 4 时，则是由 011 变为 100，需要改变 3 位。而用格雷码时，这两种情况都只需要改变 1 位（ 表5 ）。

表5 格雷码示例

10进制数	2进制数	格雷码
0	000	000
1	001	001
2	010	011
3	011	010
4	100	110
5	101	111
6	110	101
7	111	100

下面我们试试"把 n 进制数转换成格雷码，把得到的编码结果看作 n 进制数，再一次转换成格雷码"，并一直重复这个过程，直到转换为与初始值相同的值。

举个例子，当 $n = 2$，初始值为 100 时，是"100 → 110 → 101 → 111 → 100"这样一个循环，重复转换 4 次后得到初始值。同样地，当 $n = 3$，初始值为 100 时，转换过程则是"100 → 120 → 111 → 100"，重复转换 3 次后得到初始值。

问题

求当 $n = 16$ 时，从 808080 开始转换，最后得到 808080 所需的转换次数，以及从 abcdef 开始转换，最后得到 abcdef 所需的转换次数。

如何求 n 进制数的格雷码呢？

Hint!

前面我们通过异或运算改变了位元，对吧。处理 n 进制数也可以考虑采用异或运算。

---

① 英语是 Gray Code，又叫循环二进制单位距离码（ reflected binary code ）。

——译者注

② 位元：就是 bit，一个二进制位。——译者注

思路

　　重复转换直到变为初始值这个处理不难，关键在于"如何转换成格雷码"。把 2 进制数转换成格雷码比较常见，网上也有不少中文资料，但 n 进制数这方面的资料就寥寥无几了。

　　这里先从 2 进制数的格雷码转换开始总结基本的转换模式。维基百科（ URL https://zh.wikipedia.org/wiki/ 格雷码）上的资料显示，用"要转换的 2 进制数"和"把该 2 进制数右移 1 位并在最高位前补 0 后得到的值"作异或运算，得到的结果就是该 2 进制数的格雷码。

　　两个数的异或运算在其他问题中出现过，其过程如 表6 所示。a 和 b 的异或运算相当于 a 和 b 的差除以 2 得到的余数。3 进制数也一样，a 和 b 的异或运算相当于求 $(a - b)$ mod 3（a 和 b 的差除以 3 得到的余数）（ 表7 ）。

表6 异或运算

	0	1
0	0	1
1	1	0

表7 两个数的异或运算（3 进制数）

	0	1	2
0	0	1	2
1	1	0	1
2	2	1	0

16 进制数的异或运算相当于求 $(a-b)$ mod 16（a 和 b 的差除以 16 得到的余数）。那 1 位右移又该如何实现呢？

Point

　　下面对"用 16 进制数表示的 10 进制数"和"把 16 进制数右移 1 位并在最高位前补 0 得到的值"执行异或运算。如果 10 进制数是 1234，则对应的 16 进制数是 4D2，因此右移 1 位后得到 04D，执行异或运算后得到 49B。

　　代码清单 47.01 中的 Ruby 代码可以对每一个数位执行上述处理。16 进制数在 Ruby 语言里以 "0x" 开头，所以这段代码以 0x808080 和 0xabcdef 为输入值。

代码清单 47.01（q47_01.rb）

```
N = 16
def graycode(value)
  # 分解 N 进制数的各个数位，存到数组中
  digits = []
  while value > 0
    digits << value % N
    value /= N
  end

  # 将各个数位转换成格雷码
  (digits.size - 1).times{|i|
    digits[i] = (digits[i] - digits[i + 1]) % N
  }
  # 数组转换为数值
  digits.each_with_index.map{|d, i| d * (N**i)}.inject(:+)
end

# 一直转换，直到变为初始值
def search(value)
  check = graycode(value)
  cnt = 1
  while check != value do
    check = graycode(check)
    cnt += 1
  end
  cnt
end

puts search(0x808080)
puts search(0xabcdef)
```

如果用Ruby，直接用to_s(16)等就可以得到16进制字符串了，为什么不用这种方法呢？

的确可以用字符来表示各个数位，但相比之下用整数更贴合编码处理的需求，并且也更快。

答案　初始值为 808080 时需要 8 次
初始值为 abcdef 时需要 64 次

➡ Column

多读一读英文网页吧

目前，日文的 n 进制数转换成格雷码的资料很少，不过英文版的维基百科（https://en.wikipedia.org/wiki/Gray_code）上甚至连相关的代码都找得到。或许常常参阅英文网页的人并不多，但代码是世界通用的，所以有时候用英文搜索一下也许就能解决难题了。

日本计算机行业的大部分产品都来自海外，使用手册也大多是从英文翻译过来的。当然，论开发人员的人数，日本远不及海外，所以日文的信息量也与英文的有很大差距。虽然日本也有新技术诞生，很多开发人员也在发布着各种新信息，但与英文相比，差距只会不断增大。

同是英文，读小说和读技术文章需要的词汇量有很大的差异。我读过《哈利波特》的英文原著，因为有很多不懂的词汇，读得很艰难。小说里有不少省略和特殊用辞等，单凭中学和大学里学到的语法并不能完全理解。而英文的技术文章里很多专业术语都有对应地音译为片假名的日文词汇，语法也相对简单。

我们可以从身边的产品使用手册开始读起。比如可以试着读 Windows、Mircrosoft Office、Mac OS 或者浏览器等的使用手册。因为是平时常用的软件，所以它们的使用手册读起来会顺畅一些。

在编程相关的网页里，Stack Overflow（http://stackoverflow.com/）是有名的技术问答站点。虽然这个站点也有日文版，但其内容量远远不及英文版。请不要再"因为打开的网页是英文的，所以把它关掉"，尝试读一下英文网页吧。

Q48 翻转得到交错排列

IQ:110 **目标时间：40分钟**

这里有围成圆形的 2n 张卡片。最开始是 n 张白色卡片和 n 张黑色卡片分别连续排列。接下来，反转连续 3 张卡片的颜色（白色卡片反转成黑色，黑色卡片反转成白色），并重复这样的操作，直到黑色卡片和白色卡片交错排列（反转颜色的卡片张数固定为 3）。

举个例子，当 n = 3 时，如 图19 所示，通过两次反转颜色操作就能达到目标。

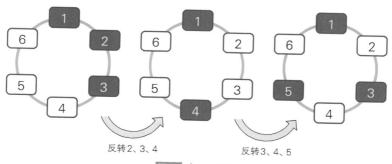

反转2、3、4　　　　　　反转3、4、5

图19 当 n = 3 时

问题

求当 n = 8 时，使黑色卡片和白色卡片交错排列所需的最少反转次数。

同一位置的卡片反转两次就会恢复原来的颜色吧。

关键是反转操作和顺序无关（按照1、2、3→2、3、4这个顺序进行反转与按照2、3、4→1、2、3这个顺序反转一样）。

思路

如提示所言,"同一位置的卡片反转两次就会恢复原来的颜色""反转操作和顺序无关",因此问题在于"选择哪里作为反转位置"。

因为选择反转位置时要考虑如何以最少反转次数使黑色卡片和白色卡片交错排列,所以如何表示圆形是一个关键点。用数组可以表示各个卡片,但是必要的信息只是卡片颜色,所以这里用二进制数表示就很简单。

如果用二进制数表示,就可以用异或运算来表示反转操作吧。不过,怎么表示圆形呢?

因为只需要确定反转位置即可,所以是不是设置连续的3位"1"就可以了呢?

没错。确定起始位置,然后设置连续的3位"1",并整体逐一左移表示反转位置。如果左移后超出了卡片张数,那么把左边的位补充到右边就可以。

Point

举个例子,当 $n = 3$ 时,所有的反转位置可以表示如下。

$$000111 \rightarrow 001110 \rightarrow 011100 \rightarrow 111000 \rightarrow 110001 \rightarrow 100011$$

对于超出位数的部分,只需要和右移 $2n$ 位的结果作 OR 运算即可。"111000 → 110001"部分的处理如 表8 所示。

表8 当 $n = 3$ 时

	111000
左移1位	1110000
右移6位	1
对上述两个数字执行OR运算	1110001
取右边6位	110001

这里，我们遵照上述思路，用 Ruby 实现广度优先搜索，代码如代码清单 48.01 所示。

```
代码清单 48.01（q48_01.rb）

N = 8                        # 各色卡片张数
start = (1 << N) - 1         # 起始状态（N 个 0，N 个 1）
mask = (1 << N * 2) - 1      # 位掩码

# 目标状态（0 和 1 交错排列）
goal1 = 0
N.times{|i| goal1 = (goal1 << 2) + 1}
goal2 = mask - goal1

# 反转次数
count = N * 2
(1 << N*2).times{|i|         # 表示反转起始位置的比特列
  turn = i ^ (i << 1) ^ (i << 2)
  turn = (turn ^ (turn >> (N * 2))) & mask

  # 到达目标状态后找出反转位置上的数字的最小值
  if (start ^ turn == goal1) || (start ^ turn == goal2) then
    count = [count, i.to_s(2).count('1')].min
  end
}
puts count
```

同时使用 goal1 和 goal2 这一点很有意思。是因为交错排列的结果也会因为黑色卡片和白色卡片位置的不同而不同吧？

位运算运用得真熟练，好酷！

位掩码的使用方法在 Q38 里介绍过，可以用在 IP 地址等很多地方，记住这个方法可以简化很多处理哦。

位运算在其他语言里也可以同样实现。例如，我们这里再来试试用 JavaScript 实现同样的处理。不过要注意，它和 Ruby 对运算符的优先级处理不同（"^" 和 "=="等）。

代码清单48.02（q48_02.js）

```
const N = 8; /* 各色卡片张数 */
var start = (1 << N) - 1; /* 起始状态 (N个0，N个1) */
var mask = (1 << N * 2) - 1; /* 位掩码 */

/* 目标状态（0和1交错排列）*/
var goal1 = 0;
for (var i = 0; i < N; i++){ goal1 = (goal1 << 2) + 1; }
var goal2 = mask - goal1;

/* 对值为1的数位进行计数 */
function bitcount(x) {
  x = (x & 0x55555555) + (x >> 1 & 0x55555555);
  x = (x & 0x33333333) + (x >> 2 & 0x33333333);
  x = (x & 0x0F0F0F0F) + (x >> 4 & 0x0F0F0F0F);
  x = (x & 0x00FF00FF) + (x >> 8 & 0x00FF00FF);
  x = (x & 0x0000FFFF) + (x >> 16 & 0x0000FFFF);
  return x;
}

/* 反转次数 */
var count = N * 2;
for (var i = 0; i < (1 << N * 2); i++){
  var turn = i ^ (i << 1) ^ (i << 2);
  turn = (turn ^ (turn >> (N * 2))) & mask;

  /* 到达目标状态后找出反转位置上的数字的最小值 */
  if (((start ^ turn) == goal1) || ((start ^ turn) == goal2)){
    if (count > bitcount(i)){
      count = bitcount(i);
    }
  }
}
console.log(count);
```

在C语言和JavaScript等语言中，"对值为1的数位进行计数"的
方法非常有名，请一定要记住这个方法。

 8次

Q49 | 欲速则不达

假设存在如 图20 所示的长方形，该长方形被划分为了边长为 1 厘米的正方形方格。假设从 A 移动到 B 时，只能在同一条直线上移动 2 次（可以在同一条路径上往返，但这种情况也算作 2 次）。另外，这里规定要沿着方格的边移动，且允许交叉通过同一个点。求这种条件下从 A 到 B 的最长路径。

当长方形宽 3 厘米，长 4 厘米时，"OK 示例 1"的移动距离为 7 厘米，"OK 示例 2"的移动距离为 13 厘米。而像"NG 示例"这样，经过同一条直线 3 次以上是不允许的。

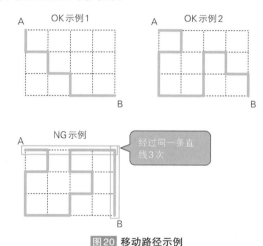

图20 移动路径示例

问题

求当长方形宽 5 厘米，长 6 厘米时的最长移动距离。

怎样判断在同一条直线上的移动次数是一个难点啊。

Hint!

只需要把水平方向和垂直方向上的直线使用次数保存在数组里就可以哦。

思路

因为有"只能在同一条直线上移动 2 次"这个条件，所以关键点就在于如何判断是否符合这个条件。可以准备一个数组，保存水平方向和垂直方向上的直线使用次数，每移动 1 次，为对应元素加 1，如果某个元素超过 2，则终止搜索。

方格的边长是 1 厘米，所以可以根据方格个数求直线条数。剩下的就是处理上下左右的移动……

如果可以继续前进就尽量继续前进，所以我觉得这里很适合用深度优先搜索。

是的。如果从左上角开始按顺序移动，把是否到达右下角作为终止条件，则可以很简洁地用递归实现。

用 Ruby 实现时，代码如代码清单 49.01 所示。

代码清单 49.01（q49_01.rb）

```
W, H = 6, 5                       # 横向和纵向方格个数
USABLE = 2                        # 同一条直线的可使用次数
@max = 0                          # 最长距离
@h = Array.new(H + 1, 0)          # 保存水平方向的直线使用次数
@v = Array.new(W + 1, 0)          # 保存垂直方向的直线使用次数

def search(x, y)
  if (x == W) && (y == H) then    # 如果到达了 B，则确认最大值并终止搜索
    @max = [@h.inject(:+) + @v.inject(:+), @max].max
    return
  end
  if @h[y] < USABLE then          # 可以水平方向移动的时候
    if x > 0 then                 # 向左移动
      @h[y] += 1
      search(x - 1, y)
      @h[y] -= 1
    end
    if x < W then                 # 向右移动
      @h[y] += 1
      search(x + 1, y)
      @h[y] -= 1
    end
```

```
    end
    if @v[x] < USABLE then      # 可以垂直方向移动的时候
      if y > 0 then             # 向上移动
        @v[x] += 1
        search(x, y - 1)
        @v[x] -= 1
      end
      if y < H then             # 向下移动
        @v[x] += 1
        search(x, y + 1)
        @v[x] -= 1
      end
    end
  end

  search(0, 0)                  # 从位置 A 开始
  puts @max
```

　　JavaScript 可以用几乎相同的代码实现上面的逻辑（代码清单 49.02）。

代码清单 49.02（q49_02.js）

```
const W = 6; /* 横向方格个数 */
const H = 5; /* 纵向方格个数 */
const USABLE = 2; /* 同一条直线的可使用次数 */
var max = 0; /* 最长距离 */
var h = new Array(H + 1); /* 保存水平方向的直线使用次数 */
var v = new Array(W + 1); /* 保存垂直方向的直线使用次数 */

for (var i = 0; i < H + 1; i++){ h[i] = 0; }
for (var i = 0; i < W + 1; i++){ v[i] = 0; }

function sum(a) {
  return a.reduce(function(x, y) { return x + y; });
}

function search(x, y){
  if ((x == W) && (y == H)){
    /* 如果到达了 B，则确认最大值并终止搜索 */
    max = Math.max(sum(h) + sum(v), max);
    return;
  }
  if (h[y] < USABLE){ /* 可以水平方向移动的时候 */
```

```
    if (x > 0) { /* 向左移动 */
      h[y] += 1;
      search(x - 1, y);
      h[y] -= 1;
    }
    if (x < W) { /* 向右移动 */
      h[y] += 1;
      search(x + 1, y);
      h[y] -= 1;
    }
  }
  if (v[x] < USABLE){ /* 可以垂直方向移动的时候 */
    if (y > 0){ /* 向上移动 */
      v[x] += 1;
      search(x, y - 1);
      v[x] -= 1;
    }
    if (y < H){ /* 向下移动 */
      v[x] += 1;
      search(x, y + 1);
      v[x] -= 1;
    }
  }
}

search(0, 0); /* 从位置 A 开始 */
console.log(max);
```

 我以为 JavaScript 求数组的和值时只能通过循环实现呢，原来还有这种写法啊。

 现在的 JavaScript 使用匿名函数还是很方便的。

 答案 **25 厘米**

Q50

IQ:110　**目标时间：40分钟**

完美洗牌

　　假设有 $2n$ 张牌，牌上写有用来区分每张牌的文字。把牌叠起来，从正中间把牌分成两把，然后分别从最上面开始，按顺序一张张地取出牌并堆叠起来，我们称这种操作为"洗牌"。

　　洗几次后，牌会变成最初的顺序。譬如当 $n = 3$ 时，假设 6 张牌上分别写了 1~6 的数字，那么通过以下顺序洗牌可以使牌变成最初的顺序。

1 2 3 4 5 6
↓　……分成 123 和 456 这两把，并按顺序取牌
1 4 2 5 3 6
↓　……分成 142 和 536 这两把，并按顺序取牌
1 5 4 3 2 6
↓　……分成 154 和 326 这两把，并按顺序取牌
1 3 5 2 4 6
↓　……分成 135 和 246 这两把，并按顺序取牌
1 2 3 4 5 6

　　如上，经过 4 次洗牌，6 张牌恢复了最初的顺序。

　问题

　　对 $2n$ 张牌洗牌，并求出当 $1 \leqslant n \leqslant 100$ 时，一共有多少个 n 可以使得经过 $2(n - 1)$ 次洗牌后，牌恢复最初顺序？

请分两种情况来考虑：①$2(n - 1)$ 次洗牌后"第一次"恢复顺序；
②会多次恢复顺序，在第 $2(n - 1)$ 次也恢复顺序。

本题的洗牌方法被称为"完美洗牌"[①]（perfect shuffle）。首先用数组表示牌，然后根据题意求经过 $2(n-1)$ 次洗牌后，牌恢复最初顺序的 n 值。

下面我们统计符合 $1 \leqslant n \leqslant 100$，且经过 $2(n-1)$ 次洗牌后能恢复最初顺序的 n（代码清单 50.01）。

代码清单 50.01（q50_01.rb）

```
def shuffle(card)
  left = card.take(card.size / 2)
  right = card.drop(card.size / 2)
  result = []
  left.size.times{|i|
    result.push(left[i])
    result.push(right[i])
  }
  result
end

count = 0

(1..100).each{|n|
  init = (1..(2 * n)).to_a
  card = init.clone
  (2 * (n - 1)).times{|i|
    card = shuffle(card)
  }
  count += 1 if card == init
}

puts count
```

执行程序后可得到结果"46"。

这种方法很好理解呢。洗牌处理使用的take和drop还真是Ruby的风格啊。

---

① 也可称为"全混洗"。——编者注

求解的方法还有一种。那就是重复执行洗牌操作，当恢复最初的顺序时，统计此时洗牌次数为 $2(n-1)$ 的 n 值（代码清单 50.02）。

代码清单 50.02（q50_02.rb）

```ruby
def shuffle(card)
  left = card.take(card.size / 2)
  right = card.drop(card.size / 2)
  result = []
  left.size.times{|i|
    result.push(left[i])
    result.push(right[i])
  }
  result
end

count = 0

(1..100).each{|n|
  init = (1..(2 * n)).to_a
  card = init.clone
  i = 0
  while true do
    card = shuffle(card)
    i += 1
    break if card == init
  end
  count += 1 if i == 2 * (n - 1)
}

puts count
```

执行程序后得到的结果是"22"。

误？结果不一样啊。

因为这是第 $2(n-1)$ 次洗牌后"第一次"恢复最初顺序的情况嘛。

上述两种方法都没有问题，但我们还可以从数学的角度来解题。分析牌的移动规律可以看出，假设例题中"2"这张牌起始位置为 0（假设第 1 张位置为 0，第 2 张位置为 1），则这张牌的移动顺序为"1→2→4→3→1"。

如果从除法的余数这个角度来思考，则是下面这样。

$(1 \times 2) \bmod 5 = 2$
$(2 \times 2) \bmod 5 = 4$
$(4 \times 2) \bmod 5 = 3$
$(3 \times 2) \bmod 5 = 1$

可以看到，上一个位置数的 2 倍除以 $(2n - 1)$ 后得到的余数就是下一个位置数。也就是说，第 i 个位置的牌在洗牌后会移动到第 "$i \times 2$ $\bmod (2n - 1)$"个位置。执行 $2(n - 1)$ 次洗牌处理后能恢复最初的顺序，也就是说以下等式成立。

$$(i \times 2)^{2(n-1)} \bmod (2 \times n - 1) = i$$

$i = 1$，也就是第 2 张牌的情况如下：

$$2^{2(n-1)} \bmod (2 \times n - 1) = 1$$

令 "$2 \times n - 1$" 为 N，则如下：

$$2^{(N-1)} \bmod N = 1$$

可以看到，它符合费马小定理。

 答案 ① $2(n - 1)$ 次洗牌后"第一次"恢复顺序时，有 22 个
② 会多次恢复顺序，在第 $2(n - 1)$ 次也恢复顺序时，有 46 个

Q51

同时结束的沙漏

假设有 N 个沙漏，分别能计时 1~N 分钟。把这些沙漏围成一个圆，每隔 1 分钟倒挂（即上下颠倒）一次。然后，倒挂沙漏时的起始位置会"依次顺时针移动"，并且沙漏的倒挂个数会根据起始位置上的沙漏的计时分钟数不同而不同（计时 1 分钟时，倒挂 1 个沙漏；计时 2 分钟时，倒挂 2 个沙漏；计时 N 分钟时，倒挂 N 个沙漏）。

如果一开始所有沙漏的上半部分都装有沙子，那么倒挂时会出现所有沙漏的沙子同时向下落的情况。举个例子，当 $N = 4$ 时，按照 1 分钟、2 分钟、3 分钟、4 分钟的顺序排列沙漏，其起始位置为能计时 1 分钟沙漏的时候，如 图21 所示，经过 6 分钟后所有沙子会同时向下落（ 图21 展示了 0~5 分钟后（倒挂后）沙漏中上半部分的沙量，而蓝色部分是倒挂着的沙漏。如下 图21 所示，1 分钟后所有沙子都会向下落）。

但是，如果以 2 分钟、4 分钟、3 分钟、1 分钟的顺序排列，当以 2 分钟的沙漏为起始位置时，无论经过多久都不可能出现所有沙子同时向下落的情况。

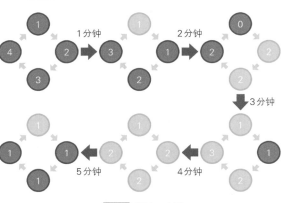

图21 当 N = 4 时

问题

求当 $N = 8$ 时，使所有沙子同时向下落的 8 个沙漏的排列方法共有多少种（即便是同样的排列顺序，只要倒挂沙漏时的起始位置不同，就当作不同的情况计数）？

※ 下页有补充内容，仅供参考。

所谓"即便是同样的排列顺序，只要倒挂沙漏时的起始位置不同"指的是下面这种情况。

"按照 1 分钟、2 分钟、3 分钟、4 分钟的顺序排列，从 1 分钟的沙漏开始倒挂"以及"从 2 分钟的沙漏开始倒挂"这 2 种情况要分别处理（计作 2 种排列方法）。又因为沙漏要围成一圈，所以"按照 1 分钟、2 分钟、3 分钟、4 分钟的顺序排列，从 1 分钟的沙漏开始倒挂"和"按照 4 分钟、1 分钟、2 分钟、3 分钟的顺序排列，从 1 分钟的沙漏开始倒挂"这两种情况可以看作是一种排列（计作 1 种排列方法）。

本题的关键点在于有可能会出现无论如何都不能使所有沙子同时向下落的情况。设置合适的循环次数上限是一种方法，不过我们还可以采用其他方法：如果所有沙漏进入某一个同样的状态，则判定进入了循环。至于判断所有沙子能不能同时向下落，则要看是不是所有沙漏的上半部分剩余沙量都是 1 分钟的量。

如果根据题意用 Ruby 实现，则代码如代码清单 51.01 所示。

代码清单 51.01（q51_01.rb）

```ruby
N = 8 # 沙漏数目
GOAL = [1] * N # 如果所有沙漏剩余沙量为 1，则所有沙子能同时向下落

count = 0
(1..N).to_a.permutation{|init| # 依次设置初始状态
  hourglass = init
  pos = 0
  log = {} # 用于检查是否变为同样状态的记录
  while log[hourglass] != pos  # 如果变为同样状态，则终止处理
    if hourglass == GOAL then   # 如果变为目标状态，则终止处理
      count += 1
      break
    end
    log[hourglass] = pos

    # 减少沙漏沙量（如果上半部分沙量为 0，则保持为 0）
    hourglass = hourglass.map{|h| h > 0 ? h - 1 : 0}
    init[pos].times{|i|           # 倒挂沙漏
      rev = (pos + i) % N
      hourglass[rev] = init[rev] - hourglass[rev]
```

```
  }
    pos = (pos + 1) % N        # 移动到下一个位置
  end
}

puts count
```

执行这个程序后可以得到正确答案"6055"。

 数组元素的值表示的是各个沙漏的剩余时间吧?

 是的。这段程序模拟了每经过1分钟沙漏时间相应减少的处理。

 这就是通过检查是否和过去某个状态相同,来防止无限循环。

Point

本题的关键是,要倒挂的沙漏的个数会根据沙漏的大小而改变。按顺序移动倒挂沙漏时的起始位置就是为了用除法的余数来表示圆形。

余数不仅仅可以表示圆形,还可以应用在"根据日历求星期几""上下左右移动"等多种场景里。用余数可以把一组数字进行简单分类。举个例子,通过用整数除以 3 并求余数,可以把整数分为 0、1、2 这 3 个类别。这是加减乘除不具备的特征。

即便是普通的运算,稍花心思也可以有很多不同的使用方法,请多应用一下试试。

 答案 6055 种

精通编程所必需的目标

由于日本文部科学省①也在推进计算机编程教育，所以学习编程的小孩子越来越多了。暑假的时候，全国各地都有基于 Scratch 等学习环境的编程讲座。

教育类企业也不断开发出面向儿童的编程教材，简单快乐地学习编程的环境正在慢慢地完善。这些学习环境利用的是虚拟角色等，因而视觉上也让人比较容易接受，不过仍然存在一个问题，那就是很难引导大家"进一步"学习。

也就是说，Scratch 等可以让大家觉得"编程是一件好玩的事情"，但无法进一步学习编程的小孩子也不在少数。很多小孩子觉得同样是使用电脑的话，编程肯定不如游戏好玩。当我问这些小孩子为什么那么觉得的时候，他们说是"没有目标"。本身就"没有想要解决的问题""没有想要实现的服务"等，因而也就"没有必要"编程。而这也正是编程初学者面临的情况。

"我们开始编程吧！"即使别人这么说，如果没有想要做的事情，那么也就没有动手的动力。如果没有目标驱动，也就没有必要学习新技术了。事实上，很多人都搞不明白"什么是必须要学习的"。这种问题的解决方法可以是试着开发一个小型服务，也可以是试着动手解决一些本书中的简单问题。大家不妨试一试。

---

① 日本的中央政府行政机构，相当于中国的教育部。——编者注

Q52

糖果恶作剧

万圣节时有一句著名的话："Trick or Treat ?"（不给糖就捣乱）。一听到这句话，我脑海里就会浮现出变装小孩子们到各家各户敲门的情景。

这里我们转换一下：给小孩子糖果的时候，让我们来捉弄一下他们吧！这个恶作剧就是，重新组合"糖纸"和"糖果"。把草莓味糖果的糖纸剥开之后，里面竟是葡萄味糖果！——就是这么单纯的一个恶作剧。举个例子，假设这里有 4 颗不同口味的糖果，那么重新组合后每颗糖果的包装纸和本身口味都不一致的情况有 9 种，如 图22 所示。

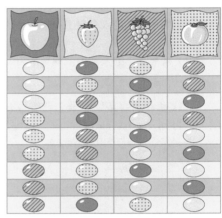

图22 有4颗不同口味的糖果

问题

当有 5 种口味的糖果，每种各 6 颗时，重新组合后每颗糖果的包装纸和本身口味都不一致的情况有多少种（这里，对于同一种口味的糖果，我们能区分出包装纸，但区分不出里面的糖果）？

例）　"苹果味糖果的糖纸①包着草莓味糖果①"和"苹果味糖果的糖纸②包着草莓味糖果②"是两种不同的组合，但"苹果味糖果的糖纸①包着草莓味糖果①"和"苹果味糖果的糖纸①包着草莓味糖果②"则要看作是同一种组合。

Hint!

这种数据量就不能用全量搜索了，因此为了优化处理速度，我们要用内存化或者动态规划算法。

思路

如果糖果是每种1颗，那么这就是一个"错排问题"[1]（montmort number）。也就是类似"n个人互换礼物，每个人都拿不到自己送出的礼物的组合方式一共多少种"这样的问题。

把所有人都不会拿到自己送出的礼物的组合数表示为 a_n，则 $a_2 = 1$，$a_3 = 2$。这样就比较简单。当 $n \geq 4$ 时，给每个人附上 1~n 的编号，假设编号为 1 的人拿到了编号为 2 的人送出的礼物，那么这时有以下两种情况。

（1）编号为 2 的人拿到了编号为 1 的人送出的礼物

……这时剩下"$n-2$"个人的组合，所以是 a_{n-2} 种

（2）编号为 2 的人拿到了编号不为 1 的人送出的礼物

……这时剩下"$n-1$"个人的组合，所以是 a_{n-1} 种

这里考虑的是从编号 2 到编号 n 所有人送出礼物的排列组合，所以可以得到 $a_n=(n-1)\times(a_{n-2}+a_{n-1})$。换句话说，错排问题的解可用递推公式来表示，从而可以简单求解。

错排问题还是第一次听说呢。

本题关键在于并不是每种糖果只有1颗。

那就没办法简单地用递推公式来求解了，还要作些额外的处理。另外，如果只是简单实现逻辑，那么因为有太多种组合，需要的处理时间会很长，所以还要想办法优化一下。

Point

这种情况可以用动态规划算法或者内存化的方法实现快速处理。也就是说，把当前计算结果缓存下来，然后继续使用，从而缩小搜索范围。

---

[1] 即由整数 1，2，3，…，n 构成的数列中，第 i（$i \leq n$）个数不是 n 的数列。它是以法国数学家孟特马特（Pierre Raymond de Montmort）的名字命名的。——编者注

用 Ruby 就可以实现，代码如代码清单 52.01 所示。

代码清单 52.01（q52_01.rb）

```
M, N = 6, 5    # 设置 "糖纸" 和 "糖果" 的数目
@memo = {}     # 内存化时使用的哈希表

def search(candy, color)
  return 1 if candy == [0] * N          # 所有糖果都包好了
  # 如果存在已内存化的结果，则使用
  return @memo[candy + [color]] if @memo.has_key?(candy +
[color])

  # 统计糖纸和糖果口味不一致的组合
  cnt = 0
  candy.size.times{|i|
    if i != (color % candy.size) then   # 不一致时
      if candy[i] > 0 then               # 糖果还有剩余时
        candy[i] -= 1
        cnt += search(candy, color + 1) # 进入下一层搜索
        candy[i] += 1
      end
    end
  }
  @memo[candy + [color]] = cnt    # 把糖果个数和糖纸样式保存起来
end
puts search([M] * N, 0)
```

 "[0]*N" 和 "[M]*N" 这种写法挺有意思，真是典型的Ruby数组的写法啊。

 数字虽然很大，但基本上一瞬间就得到答案了。可以简单处理这样的大数字也是Ruby的特征吗？

 能快速处理是因为使用了内存化方法，而能简单地处理大数字就是Ruby本身的特征了。如果用C语言等来实现，必须注意这一点。

 答案 1926172117389136 种

➡ Column

处理大整数的业务

遇见像本题一样，答案是非常大的值的情况时，很多人会觉得 "Ruby 真是方便啊"。不过，平时工作中编写的软件采用的往往是公司指定的编程语言。

实际上，大多数开发者并不会经常遇到需要处理大整数的情况。如果是一般的整数型数据，那么可以使用 C 语言中的 int 类型表示 32 位的整数。即便是带符号的数，也能表示 20 亿以上个数字，一般不需要太在意数位不够的问题。

说到需要处理大整数的业务，我脑海里首先浮现的就是公司的经营业务等。虽然很少有公司的单个会计单会出现20亿日元这样的大数，但如果要统计"年度营业额"，那么需要处理这种大数的公司就会多起来。除了金额，ID 编号也是一例。创建一个会员制 Web 站点时，一般会给每个会员生成一个 ID。世界人口已经迫近 70 亿了，如果所有人都使用这个站点，那么 32 位整数就不够用了。

还有像 Twitter 这样的服务，即便不是所有人都使用，但已经用完 32 位整数了。如果要开发和这样的服务合作的应用，一定要注意大整数的问题。

Q53 | 同数包夹

这里有分别标了数字 1~n 的两副牌，共 2n 张。把这些牌排成一排，然后两张 1 的中间放一张牌，两张 2 的中间放两张牌……两张 n 的中间放 n 张牌。举个例子，当 n = 3 的时候，有如 图23 所示的两种排列方法。

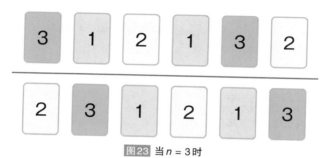

图23 当 n = 3 时

问题

求当 n = 11 时共有多少种排列方法？

如果牌的张数比较少，那按顺序排列也不是很难。牌的张数一多，那就好麻烦啊。

从直觉上来说，比起先放小数字，还是先放大数字比较简单。

放置顺序很重要。同时，"不要无谓地搜索"也很重要。

思路

假设一开始把所有牌的编号都看作 0，然后从 1 这张牌开始按顺序给牌分配可以放入的位置。用数组表示牌，当所有牌放置完毕时结束处理。因为要尽可能放置，所以适合用深度优先搜索来实现（代码清单 53.01）。

```
代码清单 53.01（q53_01.rb）

N = 11
cards = [0] * N * 2        # 牌的初始值
@count = 0

def search(cards, num)
  if num == N + 1 then     # 放置到最后时处理成功
    @count += 1
  else
    # 检查是否能放置，并按顺序处理
    (2 * N - 1 - num).times{|i|
      if cards[i] == 0 && cards[i + num + 1] == 0 then
        # 尽可能地放置牌，递归搜索下一步
        cards[i], cards[i + num + 1] = num, num
        search(cards, num + 1)
        cards[i], cards[i + num + 1] = 0, 0
      end
    }
  end
end

search(cards, 1)           # 最开始放置标记为 1 的牌
puts @count
```

 逻辑清晰易懂，是典型的递归处理呢。不过处理时间有点长。

 那么我们按照前面的直觉，从大数字开始试一下？

 代码清单 53.02 是从数字较大的牌开始放置的，只在代码发生改变的部分加上了注释。

代码清单 53.02（q53_02.rb）

```
N = 11
cards = [0] * N * 2
@count = 0

def search(cards, num)
  if num == 0 then              # 把终止判定改为 0
    @count += 1
  else
    (2 * N - 1 - num).times{|i|
      if cards[i] == 0 && cards[i + num + 1] == 0 then
        cards[i], cards[i + num + 1] = num, num
        search(cards, num - 1)   # 因为从较大的开始，所以这里是减法
        cards[i], cards[i + num + 1] = 0, 0
      end
    }
  end
end

search(cards, N)                # 从最大的牌开始
puts @count
```

 就这样改动一下，速度就提升了 2～3 倍呢。直觉好准啊。

 接下来的优化就是减少无用的搜索了。因为要把已经搜索的部分保存下来，所以我们可以用内存化的办法。

Point

对于已经放置的牌，我们完全可以无视它上面的数字，因此还可以使用比特列来表示。即只需要在放置完毕后用 1 标记已放置，用 0 标记待放置即可。这样一来，内存化也就很简单了。因为要设置包夹数字的位置，所以这里需要用位掩码。

用 Ruby 可以实现，代码如代码清单 53.03 所示。

代码清单 53.03（q53_03.rb）

```ruby
N = 11
@memo = {}

def search(cards, num)
  return 1 if num == 0
  return @memo[cards] if @memo.has_key?(cards)

  # 利用位运算设置包夹位置
  mask = (1 << (num + 1)) + 1
  count = 0
  while mask < (1 << (N * 2)) do
    # 如果可以放置，则递归地搜索
    count += search(cards | mask, num - 1) if cards & mask == 0
    # 包夹位置移动一位
    mask <<= 1
  end
  @memo[cards] = count
end

puts search(0, N)
```

 速度又提升了几倍呢。果然还是位运算速度比较快啊。

 所以说，除了要考虑算法，像这样设计数据结构也非常重要。

 答案 35584 种

Q54

IQ:120　目标时间：45分钟

偷懒的算盘

算盘在国外也流传甚广。这里我们用算盘进行加法运算。假设要求 1~10 的和，那么简单地说，按顺序计算 "1 + 2 + 3 + 4 + 5 + 6 + 7 + 8 + 9 + 10" 的和就可以得到答案。

用算盘计算时，请注意移动的算珠的个数。比如计算 "8 + 9" 时，首先要移动 "个位的 4 个算珠"，然后移动 "十位的 1 个算珠" 和 "个位的 1 个算珠"。也就是说，计算 "8 + 9" 时一共需要移动 6 个算珠（ 图24 ）。

而 "9 + 8" 的时候则是首先移动 "个位的 5 个算珠"，然后移动 "十位的 1 个算珠" 和 "个位的 2 个算珠"，一共移动 8 个算珠（ 图25 ）。

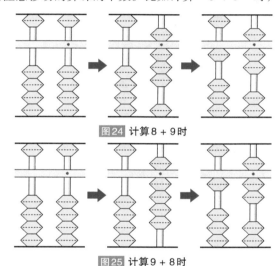

图24 计算 8 + 9 时

图25 计算 9 + 8 时

如上所述，计算顺序不同，珠算的时候要移动的算珠个数也不同。

问题

求 1~10 的和，使移动的算珠个数最少的计算顺序是什么样的呢？此时要移动的算珠个数是多少呢？

Hint!

本题要求的和是 55，因而只需要考虑 "个位" 和 "十位" 就足够了。

思路

这是求要移动的算珠个数的问题。因为最大是 55，所以可以拆分成"十位上 5 的算珠移动个数""十位上 1 的算珠移动个数""个位上 5 的算珠移动个数"和"个位上 1 的算珠移动个数"这 4 个问题。

这里只是求这些要移动的算珠个数之和，因此先不作任何优化，完全按照问题的要求实现。我们可以用 Ruby 实现，代码如代码清单 54.01 所示。

代码清单 54.01（q54_01.rb）

```
# 加到原始数后，返回算珠移动个数
def move(base, add)
  # 确认十位上 5 的算珠位置
  a0, a1 = (base + add).divmod(50)
  b0, b1 = base.divmod(50)

  # 确认十位上 1 的算珠位置
  a2, a3 = a1.divmod(10)
  b2, b3 = b1.divmod(10)

  # 确认个位上算珠的位置
  a4, a5 = a3.divmod(5)
  b4, b5 = b3.divmod(5)

  # 根据所有位置的差对移动个数执行加法计算
  (a0 - b0).abs + (a2 - b2).abs + (a4 - b4).abs + (a5 - b5).abs
end

# 对移动序列计算移动个数
def count(list)
  cnt = total = 0
  list.each{|i|
    cnt += move(total, i)
    total += i
  }
  cnt
end

# 从 1~10 的数列中求最少的算珠移动个数
min = 100
(1..10).to_a.permutation(10){|s|
  min = [min, count(s)].min
}
puts min
```

214 | 第 3 章 中级篇

divmod是求商和余数的处理吧。

这个处理流程很易懂，但处理速度有点慢。我手头的机器执行了40秒呢。

那么就来优化一下吧。这里可以用内存化的方法哦。

　　先求"1 + 2 + XXX"再求"2 + 1 + XXX"时，因为XXX这部分的移动个数是一定的，所以可以缓存这部分的结果，从而提高程序处理速度。

　　本题中各个数字都出现且仅出现1次，所以可以用比特列中的1的位置来表示已使用的数字。譬如1、3和5已使用的情况下，可以用比特列0b0000010101来表示。

　　用Ruby实现时，代码如代码清单54.02所示。

代码清单54.02（q54_02.rb）

```
N = 10

# 加到原始数（比特列）后，返回算珠移动个数
def move(bit, add)
  base = 0
  N.times{|i|
    base += i + 1 if (bit & (1 << i)) > 0
  }

  # 确认十位上 5 的算珠位置
  a0, a1 = (base + add).divmod(50)
  b0, b1 = base.divmod(50)

  # 确认十位上 1 的算珠位置
  a2, a3 = a1.divmod(10)
  b2, b3 = b1.divmod(10)

  # 确认个位上算珠的位置
  a4, a5 = a3.divmod(5)
```

```
  b4, b5 = b3.divmod(5)

  # 根据所有位置的差对移动个数执行加法计算
  (a0 - b0).abs + (a2 - b2).abs + (a4 - b4).abs + (a5 - b5).abs
end

@memo = Hash.new(0)
@memo[(1 << N) - 1] = 0

# 求从 1~10 求和时，最少的算珠移动个数
def search(bit)
  return @memo[bit] if @memo.has_key?(bit)
  min = 1000
  N.times{|i|
    if bit & (1 << i) == 0 then
      min = [min, move(bit, i + 1) + search(bit | (1 << i))].min
    end
  }
  @memo[bit] = min
end

puts search(0)
```

一下子快了好多！只用了不到0.1秒呢。

内存化的优化效果还是很明显的吧。

 26 个

Q55

IQ:120　**目标时间：45分钟**

平分蛋糕

假设要公平地分蛋糕。不过单纯地对半分有点无聊，所以我们将采用以下切法。

蛋糕是 $m \times n$ 的长方形，"初始状态"如 图26 所示，可以根据 1×1 的方格沿着直线切蛋糕。因为是直线切，所以每次切分一定会切分为两半。

这里，两人轮流切分蛋糕，切蛋糕的人吃掉两半中小的一块，而剩下的蛋糕由另一个人切，切完也是吃小的一块，然后重复这个过程。如果切分出来的是两块同样大小的蛋糕，则吃其中任意一块。最后一块不切，直接由下一个切蛋糕的人吃掉。

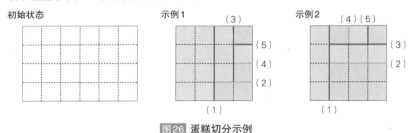

图26 蛋糕切分示例

举个例子，4×4 的正方形蛋糕可以用示例1和示例2的切法。这里我们思考一下使两人最终吃掉的蛋糕的量相同的切分方法。据图可知，采用示例1这种切法时，灰色部分明显比较多，而示例2的切法才能使两人最终吃掉同样多的蛋糕。

问题

如果是 16×12 的长方形蛋糕，那么当有一种切法使两人吃掉的蛋糕同样多时，切掉的蛋糕的长度是多少（上图示例2中，(1)是4格，(2)是3格，(3)是3格，(4)是1格，(5)是1格，因此切的蛋糕共12格）？

条件

能使两人吃掉的蛋糕同样多的切法有很多种，这里规定求其中切掉部分的长度最短的一种切法。

思路

大致来说，这个问题有两种解法。一种是如本题所述，按顺序横向切分和纵向切分；另一种是由 1×1 的正方形倒过来拼成原始的蛋糕。

这里我们看一下按顺序横向和纵向切分的方法。一边切分一边对比两人吃掉的蛋糕大小，如果剩最后一块蛋糕时，两人吃掉的蛋糕量相差1，那么就是本题要求的切法。

下面我们用 Ruby 采用内存化方法并递归搜索来实现，代码如代码清单 55.01 所示。

代码清单 55.01（q55_01.rb）

```ruby
@memo = {}
def cut_cake(w, h, diff)
  # 如果纵向较长，则替换成横向
  w, h = h, w if w < h
  # 如果存在缓存，则应用缓存
  return @memo[[w, h, diff]] if @memo.has_key?([w, h, diff])
  # 搜索到最后时，除了相差 1 以外的都设置成无穷大
  if w == 1 && h == 1 then
    return @memo[[w, h, diff]] = (diff == 1)?0:Float::INFINITY
  end

  # 横向和纵向切分
  tate = (1..(w/2)).map{|i|
    h + cut_cake(w - i, h, i * h - diff)
  }
  yoko = (1..(h/2)).map{|i|
    w + cut_cake(w, h - i, w * i - diff)
  }
  # 从横向和纵向两种切法中选较小的一个
  @memo[[w, h, diff]] = (tate + yoko).min
end

puts cut_cake(16, 12, 0)
```

 为什么"除了相差1以外的都设置成无限大"呢？

 从倒数第4行可以看到返回的是最小值，为避免返回不正确的值，结果设置得越大越好。

是的。使用内存化方法还可以在0.5秒以内返回结果。

接下来进一步优化，对不必要的搜索进行剪枝。如果相差超过当前蛋糕的一半，则最终不可能变为相同的量，所以这时可以直接终止搜索。

实现了上述逻辑的代码如代码清单 55.02 所示。

代码清单 55.02（q55_02.rb）

```ruby
@memo = {}
def cut_cake(w, h, diff)
  # 如果纵向较长，则替换成横向
  w, h = h, w if w < h
  # 如果存在缓存，则应用缓存
  return @memo[[w, h, diff]] if @memo.has_key?([w, h, diff])

  # 搜索到最后时，除了相差 1 以外的都设置成无穷大
  if w == 1 && h == 1 then
    return @memo[[w, h, diff]] = (diff == 1)?0:Float::INFINITY
  end

  # 剪枝（相差大于蛋糕的一半，则设置为无穷大）
  return Float::INFINITY if w * h / 2 < diff

  # 横向和纵向切分
  tate = (1..(w/2)).map{|i|
    h + cut_cake(w - i, h, i * h - diff)
  }
  yoko = (1..(h/2)).map{|i|
    w + cut_cake(w, h - i, w * i - diff)
  }
  # 从横向和纵向两种切法中选较小的一个
  @memo[[w, h, diff]] = (tate + yoko).min
end

puts cut_cake(16, 12, 0)
```

这种计算量下，剪枝的效果不太明显。如果计算量增大，那么处理速度会大幅提高呢。

即使是30×30的大小，也在不到5秒内找到了答案呢。

 深度优先搜索的时候，剪枝越早，速度越快。

JavaScript 版本的实现如代码清单 55.03 所示。

代码清单 55.03（q55_03.js）

```
var memo = {};
function cut_cake(w, h, diff){
  if (w < h){
    var temp = w; w = h; h = temp;
  }
  if ([w, h, diff] in memo){
    return memo[[w, h, diff]];
  }
  if ((w == 1) && (h == 1)){
    return memo[[w, h, diff]] = (diff == 1)?0:Infinity;
  }
  if (w * h < diff * 2){
    return Infinity;
  }

  /* 横向和纵向切分 */
  var result = new Array();
  for (var i = 1; i <= parseInt(w / 2); i++){
    result.push(h + cut_cake(w - i, h, i * h - diff));
  }
  for (var i = 1; i <= parseInt(h / 2); i++){
    result.push(w + cut_cake(w, h - i, w * i - diff));
  }
  /* 从横向和纵向两种切法中选较小的一个 */
  return memo[[w, h, diff]] = Math.min.apply(null, result);
}
console.log(cut_cake(16, 12, 0));
```

 答案 47

第 **4** 章

高级篇

改变思路 让程序速度更快

编码风格

"本周算法"栏目上线一年多来，已经有 5000 多人次来解答我在 CodeIQ 网站上出的题。有些人还对同一个问题给出了不同的解答方法，因此源代码累计超过了 5700 份。

我在拜读很多人的解答后发现，大家的编码风格相差甚远。这并不是所用的编程语言的差异，而是对同一个问题，即便用同一种编程语言，不同用户的源代码组织方式也有很大不同。最让人惊讶的是，出了几次题之后，我发现自己能在不知道答题人姓名的情况下分辨出哪些答案出自同一人之手。也就是说，这些源代码有着强烈的个人风格。不只是缩进、变量命名等，空格位置和注释方法等都能如实地反映出一个人的编程风格。这里并不是在讨论孰优孰劣，而是想说源代码风格的确因人而异。

一般来说，我们平时很难客观地评价自己的代码。不过世界上有非常多的源代码都是公开的。我们可以阅读开源项目的源代码，或者读大量的书，或者也可以多读公司同事的源代码来比较。

建议大家试着多和别人的源代码作比较，看看差异在哪里，并且多想想他为什么要这样写。实际上，即便只有 10 行源代码，我们也能从中窥见一个人的编程技巧。

那么，你的编程风格是什么样的呢？

IQ:120　**目标时间：45分钟**

Q56 鬼脚图中的横线

假设我们要在鬼脚图[1]中划横线使上方和下方相同的数字相连。但是，这里要根据给定的上下数字用最少的横线连接来形成鬼脚图。

横线只能连接相邻两条竖线，不能越过几条竖线连接。

例） **上方数字：1、2、3、4**
　　下方数字：3、4、2、1

上面这个示例对应的就是 图1 中的排列方式 1。这时最少的横线条数是 5 条。同样地，最少需要 5 条横线的还有排列方式 2 里的"4、3、1、2"这个排列。排列方式 3 也是用 5 条横线连接的，但也可以像右侧这样只用 3 条横线连接。也就是说，当下方数字的排列为"3、2、1、4"时，需要的最少横线条数就不是 5 了。

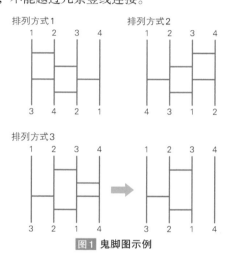

图1 鬼脚图示例

问题

给定 7 个数字（即竖线有 7 条）时，最少需要 10 条横线的下方数字的排列方式共有多少种（这里规定，即使可以在不同位置使用横线连接，但是只要下方数字的排列顺序一致，就算同一种排列方式）？

　　上方数字　1, 2, 3, 4, 5, 6, 7

---

① 起源于日本室町时代（1336 年—1573 年）的游戏，常用于抽签等。玩法是先在纸上画平行的竖线，竖线条数与参加抽签的人数相等。以竖线一端为起点，另一端为终点。在起点处空出写人名的地方，并在终点处写上抽签的项目。接下来在相邻的竖线之间任意划横线，但横线不得跨越两条以上的竖线。为确保公平，其他参加者也可自由添加横线，但此时需将终点处折叠，隐藏抽签的项目。最后每人选一个起点（注意不能重复选）开始往下走，有横线时必须转弯，即顺着横线走到隔壁的横线。最后到达的终点即自己抽中的项目。——编者注

求鬼脚图的方法还是有不少的吧。

Hint!

重要的是，要从处理速度、实现的难易程度等方面考虑来选择合适的方法。

思路

关于从最少横线条数倒推鬼脚图的算法，有的实现起来很简单，有的则速度很快。这里介绍两种简单的方法，以及一种优化了处理速度的方法。

（解法1）

一种常用的方法是，用直线连接上方和下方的相同数字，取这些直线的交点（ 图2 ）。

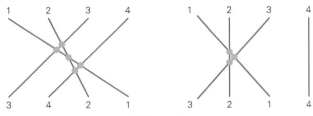

图2 求交点

每个交点都对应一条横线，所以只需要像冒泡排序一样求数字交换次数就可以了。就本题来说，只需要对所有下方数字的数列执行上述处理，找出其中横线条数为 10 的排列方式即可。用 Ruby 就可以实现，代码如代码清单 56.01 所示。

代码清单 56.01（q56_01.rb）

```
# 竖线和横线
v, h = 7, 10
total = 0
# 统计“下方数字”里需要交换位置的数字
(0..(v-1)).to_a.permutation.each{|final|
  cnt = 0
  v.times{|i|
    cnt += final.take_while{|j| j != i}.count{|k| k > i}
  }
  total += 1 if cnt == h
}
puts total
```

也就是对比上下数字，统计需要交换位置的数字的方法啊。这种方法比较直观，编程实现也相对简单呢。

理解起来倒不难，但处理起来有个难点，就是数字增多时处理时间太长。

（解法2）

还有一种方法：对下方数字，从左往右按顺序连线，使下方数字最终与上方数字中的目标数字相连（ 图3 ）。此时，我们可以从下方数字所在的竖线开始只向右连线。

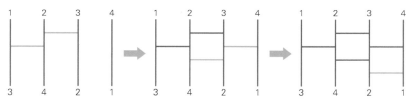

图3 从下方数字开始连线，直至与上方数字中的目标数字相连

这种方法的关键点在于所有的线都从下方数字连出，所以与前面一样，这里也要遍历下方数字的所有数列（代码清单56.02）。

```
代码清单 56.02（q56_02.rb）

# 竖线和横线
v, h = 7, 10
total = 0
# 计算所有 "下方数字" 数列中的横线条数
(1..v).to_a.permutation.each{|final|
  start = (1..v).to_a
  cnt = 0
  v.times{|i|
    # 找出对应的 "上方数字" 的位置
    move = start.index(final[i])
    if move > 0 then
      # 更换 "上方数字"
      start[i], start[move] = start[move], start[i]
      cnt += move - i
    end
  }
```

```
    total += 1 if cnt == h
}
puts total
```

原来还有这样的解法啊!

不过这种方法还是要遍历数列,当横线条数变多时需要的处理时间
也会大幅增加呢。

（解法3）

下面试着优化处理速度。我们可以在第2种解法的基础上优化一下,用递归的方式来实现。也就是说,假设已经以最少横线条数构成了一个有 $n - 1$ 条竖线的鬼脚图。然后,在这个鬼脚图的最右边增加1条竖线,以最少横线条数构成鬼脚图。

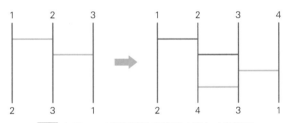

图4 向有 $n - 1$ 条竖线的鬼脚图中增加1条竖线

Point

关键在于把下方数字加到什么位置。如图4左侧的图所示,如果加在最右边,则横线条数不变;如果加在右数第1条和第2条竖线之间,则需要在最右边的2条竖线之间的最下方加1条横线。同样地,如果加在右数第2和第3条竖线之间,则要在当前所有横线的下方加2条横线(上图蓝色线条);如果加在最左侧,则要加3条横线。

总结所有情况可知,如果已有2条竖线,要添加第3条竖线时,以横线条数为索引,排列方式数为元素,则可以得到以下表示排列方式的数组。

[1, 1]   处理前（要加0条横线的情况有1种，要加1条横线的情况有1种）
↓
[1, 1]   往最右侧添加（横线条数不变）
  [1, 1]   往右数第1条竖线前添加（要加1条横线的情况有1种，要加2
              条横线的情况有1种）
    [1, 1]   往右数第2条竖线前添加（要加2条横线的情况有1种，要加
              3条横线的情况有1种））
[1, 2, 2, 1] 汇总（要加2条横线的情况有1种，要加1条横线的情况有
              2种，……，共6种）

用 Ruby 实现时，代码如代码清单 56.03 所示。

代码清单 56.03（q56_03.rb）

```ruby
# 竖线和横线
@v, @h = 7, 10

# 递归生成横线
def make_bars(v, h)
  new_h = Array.new(h.size + v - 1, 0)
  # 统计各横线的排列方式数
  v.times{|i|
    h.each_with_index{|cnt, j|
      new_h[i+j] += cnt
    }
  }
  if v == @v + 1 then
    puts h[@h]
  else
    make_bars(v + 1, new_h)
  end
end
make_bars(1, [1])
```

哇！速度快了好多。

即使竖线和横线的条数增加，也可以很快得出结果呢。

有时候，解决一个问题时从不同的角度出发，就可以进行优化哦。

最后一种解法可以用 JavaScript 实现，代码如代码清单 56.04 所示。有了这种方法，用不同的编程语言可以写出同样的处理逻辑。

代码清单 56.04（q56_04.js）

```javascript
/* 竖线和横线 */
const V = 7, H = 10;

/* 递归生成横线 */
function make_bars(v, h){
  var new_h = new Array(h.length + v - 1);
  for (var i = 0; i < h.length + v - 1; i++){
    new_h[i] = 0;
  }
  /* 统计各横线的排列方式数 */
  for (var i = 0; i < v; i++){
    for (var j = 0; j < h.length; j++){
      new_h[i + j] += h[j]
    }
  }
  if (v == V + 1){
    console.log(h[H]);
  } else {
    make_bars(v + 1, new_h);
  }
}

make_bars(1, [1]);
```

解答 573 种

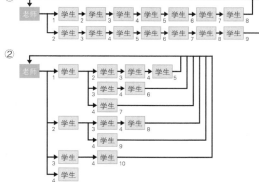

Q57 最快的联络网

IQ:130 **目标时间:60分钟**

本题与学校常用的联络网有关。虽然最近很多人都用微信联系,但是要想确保联系到某个人还是得打电话。下面我们组建一个联络网。

使用联络网时,是根据箭头方向,由前一个人联系后一个人的。为确保信息正确传达,最后一个人要联系第一个人。这里规定一个人不能同时和多人通话。

假设某个班级有老师 1 人,学生 14 人,两人打电话会花费 1 分钟。如果是如 图5 ①所示的联络网,则需要 9 分钟老师才能确认所有人都联系过了(箭头下方的数字是打电话花费的时间)。如果是如②所示的联络网,那么虽然

图5 联络网示例

联系到最后一个人的时间缩短了,但最后一个人和老师确认时常常会遇到老师正在与其他学生通话的情况,所以最终反而花费了 10 分钟(在②中,最下方的学生是直接和老师联系的,所以不需要再和老师确认)。

①中,老师拨打 2 次电话,接听 2 次电话,共通话 4 次;②中,老师拨打 4 次电话,接听 6 次电话,共通话 10 次。我们要尽量减少老师的通话次数,以减轻老师的负担。

问题

求直到老师最终确认所有人都已联络过时,联络所花费的最短时间。

并求在最短时间的联络网中,老师的最少通话次数。

Hint!

如果还要考虑路径,问题会变得很复杂,所以这里我们从学生的状态入手吧。

思路

我们可以像题中说的那样通过遍历各位学生的通话情况来进行统计。但是，如果把能通话但不通话的情况也考虑进来，那么当学生数增加，处理时间将会指数级增加（由于还可能存在某个学生在能通话时暂时不通话最后总的联络时间反而更短的情况，所以遍历起来会很麻烦）。如果从"不需要区分每个学生"这点出发来解题，那么只需要根据学生的状态求"某状态人数的变化"即可。

学生的状态可以分为如下 3 种。

(a) **等待通话**（没有人给他打过电话）

(b) **不必通话**（已接到老师的电话，或者已给其他人打过电话）

(c) **需要通话**（已接到同学的电话，还没有给其他人打电话）

原来如此。不关注联络过程，而是关注学生状态……思路好像变简单了呢。

特别是关注"人数"这一点可以大幅优化性能。如果去考虑每一个学生的通话情况，那就太复杂了。而如果只考虑人数，实现起来就很简单了。

Point

本题不需要考虑学生的顺序，所以可以只关注处于各个"状态"的学生人数，通过人数变化判断，当最终所有学生状态都变为 (b) 时终止处理。一开始所有学生的状态都是 (a)。

状态变化如下。

(a) → (b)：老师打来了电话

(a) → (c)：同学打来了电话

(b) → (c)：同学打来了电话

(c) → (b)：给其他人打电话

下面对处于各状态的人数进行广度优先搜索，直到 (b) 状态的人数变为 14。用 Ruby 实现时，代码如代码清单 57.01 所示。

代码清单 57.01（q57_01.rb）

```ruby
n = 14
# 设置初始状态人数 (a, b, c 的人数 + 老师的通话次数 )
status = [[n, 0, 0, 0]]
step = 0 # 经过的时间
while status.select{|s| s[1] == n}.size == 0 do
  # 循环处理，直到不必通话的学生 (b) 人数变为总人数
  next_status = []
  status.each{|s|
    (s[1] + 1).times{|b|
      # 不必通话的学生联系其他学生的人数
      (s[2] + 1).times{|c|
        # 需要通话的学生联系的人数
        if s[2] > 0 then # 有可通话学生的时候
          # 有学生联系老师
          if s[0]-b-c+1 >= 0 then
            next_status << [s[0]-b-c+1, s[1]+c, s[2]+b-1, s[3]+1]
          end
        end
        # 没有学生联系老师
        if s[0]-b-c >= 0 then
          next_status << [s[0]-b-c, s[1]+c, s[2]+b, s[3]]
        end
        # 老师联系了学生
        if s[0]-b-c-1 >= 0 then
          next_status << [s[0]-b-c-1, s[1]+c+1, s[2]+b, s[3]+1]
        end
      }
    }
  }
  status = (next_status - status).uniq
  step += 1
end
# 显示经过的时间
puts step
# 显示在最短时间的情况下，老师通话次数最少的情况
p status.select{|s| s[1] == n}.min{|a, b| a[3] <=> b[3]}
```

拿到问题的时候，觉得这个问题好难啊。但读代码的时候发现"这样就可以解决了吗"，吓了一跳。

 像本题这样只有14人的情况，基本上一瞬间就可以得出答案了。即便学生有30人，也可以在几秒之内解答。

 不过，如果学生人数超过40，处理时间就会很长。

 虽然还可以尝试继续优化，不过代码都会更长，这里就不赘述了。

这个问题还可以作这样的更改：允许学生相互确认后统一联系老师。这样的条件下，老师的通话次数可以进一步压缩到 6 次。这就涉及是否允许学生之间互相确认了。请大家把更改后的问题当作补充练习题尝试解答一下。

解答 7 分钟、7 次

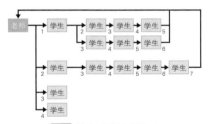

图6 答案对应的联络网

Q58

IQ:120　**目标时间：45分钟**

丢手绢游戏中的总移动距离

让我们一起追忆童年，来玩"丢手绢"的游戏吧。在丢手绢游戏中，一个人负责丢手绢，其他人则围成一圈坐着，然后丢手绢的人围着圈跑。一旦丢手绢的人把手绢丢到某个人身后，这个人就要在丢手绢的人跑了一圈重新回到自己身后之前，察觉到并追上他（丢手绢的人如果跑完一圈，就在被丢手绢的人原来的位置坐下）。

这里假设所有人跑动的速度一致，因而丢手绢的人一定不会被追上。另外假设被丢手绢的人也一定会在丢手绢的人跑完一圈之前察觉到。一直进行游戏，使围成一圈的人的排列顺序"变为最初顺序的倒序"。这里，由于大家是围成一圈，所以可以不考虑坐的位置，只考虑顺序，求最后所有人移动的总距离。计算移动距离的时候，假设围成一圈的人两两之间距离为1。

例) **6个人围成一圈时**

编号为 1~6 的 6 个人围成一圈坐下。丢手绢的人编号为 0，假设从 0 把手绢丢到 1 身后开始，且大家皆为顺时针跑动。使得最终顺序

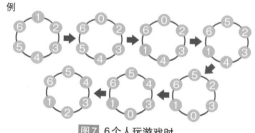

例

图7 6个人玩游戏时

变为逆序的过程是：0 在 1 身后丢手绢并跑一圈，移动距离为 6；1 在 5 身后丢手绢并跑一圈，移动距离为 10；5 在 0 身后丢手绢并跑一圈，移动距离为 8；0 在 4 身后丢手绢并跑一圈，移动距离为 9；4 在 2 身后丢手绢并跑一圈，移动距离为 10；2 在 0 身后丢手绢后并跑一圈，移动距离为 8。最后的总移动距离为 51（ = 6 + 10 + 8 + 9 + 10 + 8 ）（ **图7** ）。

问题

假设编号为 1~8 的 8 个人围成一圈坐下，另外有一个编号为 0 的人负责丢手绢，求最终顺序变为逆序时的最短的总移动距离。

思路

　　首先简单遍历丢手绢的人的移动情况，作全量搜索。因为是围成一圈，所以可以设置目标状态，即各个数字按照逆序排列的所有数组，只要遍历结果和其中任意一个数组一致则得到一组搜索结果。为缩短处理时间，当出现满足条件的搜索结果后，往后只搜索移动距离比这个结果小的情况即可。这里用 Ruby 实现递归处理，代码如代码清单 58.01 所示。

代码清单 58.01（q58_01.rb）

```
# 人数
@n = 8
# 最短移动距离
@min_step = 98
# 目标状态
@goal = []
(1..@n).each{|i|
  @goal << (1..@n).to_a.reverse.rotate(i)
}

def search(child, oni①, oni_pos, step, log)
  if oni == 0 then                    # 一开始负责丢手绢的人在圈外时
    if @goal.include?(child) then
      puts "#{step} #{log}"           # 记录移动距离和丢手绢的人的位置
      @min_step = [step, @min_step].min
      return
    end
  end
  (1..(@n - 1)).each{|i|              # 从当前负责丢手绢的人的位置开始遍历
    if step + @n + i <= @min_step then
      next_child = child.clone
      pos = (oni_pos + i) % @n        # 下一个丢手绢的人的位置
      next_child[pos] = oni           # 丢手绢的人坐下
      next_oni = child[pos]           # 下一个丢手绢的人离开圈子
      search(next_child, next_oni, pos,
             step + @n + i, log + pos.to_s)
    end
  }
end

# 第一个丢手绢的人坐到 1 的位置上
search([0] + (2..@n).to_a, 1, 0, @n, "0")
```

---

① oni 是日语"鬼"一词的罗马字，这里指的是"丢手绢的人"。——编者注

为什么设置最短移动距离为98呢？

在用程序解题前，大致预估移动距离可以有效缩小搜索范围。所谓的逆序排列可以通过固定2人的位置，让其他人移动到对称位置上来实现。

有8个人时，从"1~8按顺序排列"这个状态开始，先固定2和6，然后交换1和3，4和8，5和7即可实现逆序排列。这时移动距离为98，是这样吧？

完全正确，有进步嘛。

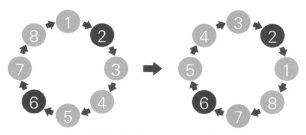

图8 固定2和6，逆序排列

Point

按照这个思路实现的程序大概要花5秒才能求出答案，所以下面来优化一下这个程序吧。我们可以像Q42里那样，正向和反向同时开始搜索，以提高速度。

虽然可以双向搜索，但因为是环形结构，所以没办法事先确定哪个位置才是最优的。为此我们需要把最初的1的位置固定，并准备"终止状态为1出现在各个位置上的数组"（代码清单58.02）。

```
@n = 8
# 包含丢手绢的人
@all = (0..@n).to_a

# 初始状态
start = {}
start[(1..@n).to_a] = []

# 终止状态
goal = {}
@n.times{|i|
  goal[(1..@n).to_a.reverse.rotate(i)] = []
}

# 求移动距离
def dist(log)
  return 0 if log.size == 0
  check = log.clone
  pre = check.shift
  sum = @n + pre
  check.each{|c|
    sum += @n + (c + @n - pre) % @n
    pre = c
  }
  sum
end

# 搜索（direction 为 true 时是顺序方向，为 false 时是逆序方向）
def search(child, direction)
  child.clone.each{|key, value|
    oni = (@all - key)[0] # 没有被使用的就是丢手绢的人
    @n.times{|i|
      k = key.clone
      k[i] = oni
      v = value + [i]
      if child.has_key?(k) then
        if direction then      # 顺序方向
          child[k] = v if dist(v) < dist(child[k])
        else                   # 逆序方向
          child[k] = v if dist(v.reverse) < dist(child[k].reverse)
        end
      else
        child[k] = v
      end
    }
```

```
  }
end

cnt = 0
while (start.keys & goal.keys).size == 0 do
  if cnt % 2 == 0 then # 偶数时顺序方向搜索
    search(start, cnt % 2 == 0)
  else                 # 奇数时逆序方向搜索
    search(goal, cnt % 2 == 0)
  end
  cnt += 1
end

# 双向搜索结果汇聚时，计算最短移动距离
min = 98
(start.keys & goal.keys).each{|c|
  d = dist(start[c] + goal[c].reverse)
  min = [min, d].min
}

puts min
```

 顺序和逆序搜索几乎同时进行，这时使用标记来控制代码就清爽多了呢。

 程序逻辑复杂了点，但处理时间降低到1秒左右了。

 即使这样，还是存在很多无用的搜索过程，优化的空间还很大，请一定再尝试优化一下。

 解答 96

满足最短距离 96 的丢手绢的方法有 36 种，下面是其中 1 种。一开始 1~8 顺时针围成一圈，手绢被丢下的位置顺序为 0、1、2、4、2、5、1、6、0，而人的排列顺序变化如下所示。

1 2 3 4 5 6 7 8

  ↓ ……在 0 号的位置后丢手绢并跑一圈 → **移动距离 8**

0 2 3 4 5 6 7 8

  ↓ ……在 1 号的位置后丢手绢并跑一圈 → **移动距离 9**

0 1 3 4 5 6 7 8

  ↓ ……在 2 号的位置后丢手绢并跑一圈 → **移动距离 9**

0 1 2 4 5 6 7 8

  ↓ ……在 4 号的位置后丢手绢并跑一圈 → **移动距离 10**

0 1 2 4 3 6 7 8

  ↓ ……在 2 号的位置后丢手绢并跑一圈 → **移动距离 14**

0 1 5 4 3 6 7 8

  ↓ ……在 5 号的位置后丢手绢并跑一圈 → **移动距离 11**

0 1 5 4 3 2 7 8

  ↓ ……在 1 号的位置后丢手绢并跑一圈 → **移动距离 12**

0 6 5 4 3 2 7 8

  ↓ ……在 6 号的位置后丢手绢并跑一圈 → **移动距离 13**

0 6 5 4 3 2 1 8

  ↓ ……在 0 号的位置后丢手绢并跑一圈 → **移动距离 10**

7 6 5 4 3 2 1 8

可知，移动距离之和为 96。

Q59

IQ:130　**目标时间：60分钟**

合并单元格的方式

日本人非常喜欢合并单元格，譬如"Excel 方格纸"①这种用法。这次我们来探讨一下电子制表软件中"合并单元格"相关的问题。假设这里有 2 行 2 列的单元格，则合并后可得到的新的单元格如 图9 所示，共 8 种。 图9 中 NG 处的形状是合并不出来的，需要排除掉。

OK　　　　　　　　　　　　　　　　　　　　　　　　　　　　NG

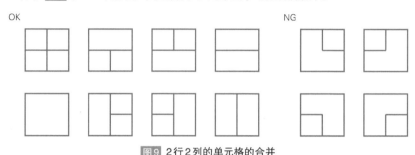

图9　2行2列的单元格的合并

问题

假设这里有 4 行 4 列的单元格，求共有多少种合并方式？此外，最终不存在 1×1 的单元格的合并方式有多少种（也就是说，有多少种合并方式能使得合并后得到新的单元格中不存在未合并的单元格）？

怎么表示单元格形状是一个难点啊。

从单元格的边框下手是一个方法哦。

---

① 即用 Excel 工作表制作表格时，大幅缩小行高和列宽，把表格调整成方格纸（或称坐标纸）那样。近年来，也有很多日本人认为不应该使用 Excel 写文章、排版。这是因为，在后期修改用 Excel 制作的文件时，如果不是由最开始制作表格的人修改，那么修改起来非常麻烦，这会给借助 IT 提高工作效率和生产能力带来很大的危害。——编者注

思路

这个问题大体上有 2 种思路。一种是单元格的形状，另一种是单元格的边框。

首先从单元格的形状来看。由于单元格内只能放置矩形，所以我们可以从左上角开始往右下角放置矩形，遍历所有可能的矩形放置情况，直到放置不下再终止搜索。用 Ruby 实现时，代码如代码清单 59.01 所示。

代码清单 59.01（q59_01.rb）

```
# 设置搜索边界
W, H = 4, 4

# 搜索函数
# pos   ：搜索位置
# cells ：用 true / false 表示单元格是否已经被使用
# is1x1 ：是否还有 1×1 的单元格
# 返回值 ：总的合并方式数，以及不出现 1×1 单元格的合并方式数
def search(pos, cells, is1x1)
  if pos == W * H then  # 搜索结束
    if is1x1 then
      return [1, 0]
    else
      return [1, 1]
    end
  end

  # 如果搜索位置已被使用，则移动到下一个位置
  return search(pos + 1, cells, is1x1) if cells[pos]

  # 按顺序搜索矩形
  x, y = pos % W, pos / W
  result = [0, 0]
  (1..(H - y)).each{|dy|     # 垂直方向的边界
    (1..(W - x)).each{|dx|   # 水平方向的边界
      next_cells = cells.clone
      settable = true        # 能否设置矩形
      dy.times{|h|
        dx.times{|w|
          if next_cells[(x + w) + (y + h) * W] then
            # 已经设置完毕
            settable = false
          else
            next_cells[(x + w) + (y + h) * W] = true
```

```
          end
        }
      }
      if settable then
        # 如果能设置矩形，则设置并进入下一次搜索
        res = search(pos + 1, next_cells,
                     is1x1 || (dx == 1 && dy == 1))
        result[0] += res[0]
        result[1] += res[1]
      end
    }
  }
  return result
end

# 初始化单元格
cells = Array.new(W * H, false)
puts search(0, cells, false)
```

 这个方法的特征是用一维数组来表示所有单元格呢。

 似乎也可以用二维数组，那为什么用一维数组呢？

 使用一维数组是为了方便复制。譬如我们来看一下代码清单59.02这样的代码。

代码清单 59.02（q59_02.rb）

```
a = [1, 2, 3, 4]
b = a.clone
b[0] = 5
p a
p b

c = [[1, 2], [3, 4]]
d = c.clone
d[0][0] = 5
p c
p d
```

执行后得到以下结果。

[1, 2, 3, 4]
[5, 2, 3, 4]
[[5, 2], [3, 4]]
[[5, 2], [3, 4]]

Point

　　如果是一维数组，复制后的数组的变化不会对原始数组产生影响。但二维数组的复制中，d 的变化会导致原数组中 c 发生变化。在复制数组的时候一定要注意这种情况。

这个区别也就是所谓"浅复制"（shallow copy）和"深复制"（deep copy）的区别。

　　本题只有 4×4 的单元格，求解处理不到 1 秒就可以完成。不过如果单元格增多，需要的处理时间就会很长。我们可以利用内存化方法，把已经搜索的部分保存下来重复利用，以提高处理速度。不过还可以从"单元格的边框"这个思路去解决。

　　这种方法可以只遍历内部的边框，所以可以缩小搜索范围。譬如 4×4 的单元格只需要遍历 3×3，也就是 9 个位置的边框即可。单元格顶点处的边框类型如前面提到的 2×2 单元格一样，有以下 8 种。

　　「│」、「─」、「┤」、「├」、「┴」、「┬」、「┼」、「　」(空白)

　　也就是说，合并后不可能出现像"┘"和"┌"这样的形状，所以可以排除掉。下面试着求能按照上述单元格边框类型合并出单元格的合并方式数。对所有内部单元格的顶点，从上往下、从左往右按顺序遍历上述 8 种类型。用 Ruby 实现逻辑时，代码如代码清单 59.03 所示。

```ruby
# 设置搜索边界
W, H = 4, 4

# 有没有从单元格顶点往上下左右方向延伸的线
# 用比特列设置方向，U：上，D：下，L：左，R：右
U, D, L, R = 0b1000, 0b0100, 0b0010, 0b0001

# 只计算内侧的单元格顶点，因此行列减 1
@width, @height = W - 1, H - 1
# 设置单元格顶点可能有的形状（按上述说明顺序）
@dir = [U|D, L|R, U|D|L, U|D|R, U|L|R, D|L|R, U|D|L|R, 0b0]
@cnt, @cnt1x1 = 0, 0
@cross = []

def search(pos)
  if pos == @width * @height then # 搜索结束
    @cnt += 1
    # 求 1×1 的单元格
    cell = Array.new(W * H, true)
    @cross.each_with_index{|c, i|
      x, y = i % @width, i / @width
      cell[x + y * W] = false if (c & U == 0) || (c & L == 0)
      cell[(x+1) + y * W] = false if (c & U == 0) || (c & R == 0)
      cell[x + (y+1) * W] = false if (c & D == 0) || (c & L == 0)
      cell[(x+1) + (y+1) * W] = false if (c & D == 0) || (c & R == 0)
    }
    @cnt1x1 += 1 if cell.index(true) == nil
    return
  end
  @dir.each{|d|
    @cross[pos] = d
    # 最左边或左边的线和右边的线重合时
    # 并且最上边或上边的线和下边的线重合时
    if ((pos % @width == 0) ||
        ((@cross[pos] & L > 0) == (@cross[pos - 1] & R > 0))) &&
       ((pos / @height == 0) ||
        ((@cross[pos] & U > 0) == (@cross[pos - @height] & D > 0)))
    then
      search(pos + 1)
    end
  }
end

search(0)
puts @cnt
puts @cnt1x1
```

利用表示上下左右的比特列来计算单元格顶点的运算是什么啊?

是二进制的或运算。上下左右的比特列真值为真的位置各不相同,进行或运算可以表示画线的位置。

是的。然后根据左边或者上边的单元格检查新画的线是否规整,没有问题就进入下一步搜索。

　　这个方法没有别的问题,只是如果搜索范围扩大,处理时间就会剧增。本题是 4 行 4 列的单元格,只需要一瞬间就能求得结果。但如果是 5 行 5 列的单元格,那即便是近来的计算机,也需要几分钟才能得出结果。

Point

　　下面试着找出能缩短处理时间的方法。因为搜索的是单元格组合,所以“以行为单位”是自然而然就能想到的处理方法。也就是遍历当前行中所有上下连线的情况,然后连接下一行已有的竖线并统计的方法。

　　举个例子,4×4 的情况下,先求从第 1 行的 3 个单元格顶点向下画竖线的组合个数。然后,跟从第 2 行的 3 个单元格顶点向上画线的情况结合起来统计,并以此类推(代码清单 59.04)。

代码清单 59.04(q59_04.rb)

```
# 设置搜索边界
W, H = 4, 4
# 有没有从单元格顶点往上下左右方向延伸的线
# 用比特列设置方向, U: 上 , D: 下 , L: 左 , R: 右
U, D, L, R = 0b1000, 0b0100, 0b0010, 0b0001

# 只计算内侧的单元格顶点,因此行列减 1
@width, @height = W - 1, H - 1
# 设置单元格顶点可能有的形状
@dir = [U|D, L|R, U|D|L, U|D|R, U|L|R, D|L|R, U|D|L|R, 0b0]
@row = {}

# 统计每行上下连接的组合
```

```ruby
def make_row(cell)
  if cell.size == @width then     # 能组合出 1 行的时候
    u = cell.map{|l| l & U > 0}   # 往上连线的位置 (T/F)
    d = cell.map{|l| l & D > 0}   # 往下连线的位置 (T/F)
    if @row.has_key?(u) then
      @row[u][d] = @row[u].fetch(d, 0) + 1
    else
      @row[u] = {d => 1}
    end
    return
  end
  @dir.each{|d|
    # 最左边或者左边的线与右边的线重合时
    if (cell.size == 0) ||
       ((d & L > 0) == (cell.last & R > 0)) then
      make_row(cell + [d])
    end
  }
end

make_row([])

# 统计第 1 行往下连线的组合数
count = Hash.new(0)
@row.each{|up, down|
  down.each{|k, v| count[k] += v }
}

# 从第 2 行开始，统计与上一行相连的数目
h = 1
while h < @height do
  new_count = Hash.new(0)
  count.each{|bar, cnt|
    @row[bar].each{|k, v| new_count[k] += cnt * v }
  }
  h += 1
  count = new_count
end

p count.inject(0){|sum, (k, v)| sum + v }
```

这种方法虽然不能统计 1×1 单元格的情况，但即便是 8 行 8 列单元格的合并，也能在几秒之内就统计出来。

如果按行处理，可以很简单地排除很多不满足条件的情况，所以计算量会小很多呢。

使用两层哈希表，把数据内存化也是性能提升的一个关键点哦。

 解答　**70878 种**

（不存在 1×1 单元格的组合方式是 1208 种）

➲ Column

使用合适的软件工具

本题是与电子制表软件中的"合并单元格"相关的问题。很多公司都需要用到电子制表软件，不过并不是用它来"计算"，而是用来做文字排版。的确，使用电子制表软件可以像方格纸一样，简单地对齐行头、添加框线。不过这些功能用文字处理软件也可以做到。如果是写文章、排版，那么大多数情况下，文字处理软件是更好的选择。

可是，还是有很多人选择用电子制表软件，这是因为他们"不知道其他软件有相应的功能"。即便是很通用很流行的软件，也往往很少有人能"熟知大部分功能"。如果你看着自己常用软件的功能菜单下列出的功能，却发现"没用过的功能比用过的还多"，那你就要留心了。

不要不懂装懂，偶尔也读一读使用手册吧。说不定你会发现，某项工作更适合用其他软件来完成呢。

Q60

IQ:130　　**目标时间：60分钟**

分割为同样大小

这里有横 m 格、纵 n 格的长方形。假设要把长方形分为面积相等的两个部分。要求两个部分（同色的部分）里的所有方格都要纵 / 横相连（相邻）。也就是说，不能把同色的部分分割到多处，而且即便对角连着也不看作是相连。

两个部分不要求形状一致，只要求面积相等。分割的最小单位是 1 个方格，不能斜着分割 1 个方格，也不能将 1 个方格分为多个。

当 $m = 4$，$n = 3$ 时，符合条件和不符合条件的分割方法如 图10 所示。

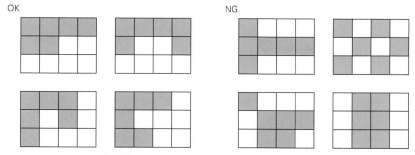

图10 符合条件和不符合条件的分割方法示例

问题

求当 $m = 5$，$n = 4$ 时，有多少种分割方法（以分割线的位置为准。如果分割线一致，即使两个部分的颜色相反也要是看作是 1 种分割方法）？

Hint!

最简单的办法应该是先涂好颜色，然后确认是否符合相邻条件吧。

思路

这个问题大体上有三种解法。

　　① 先把长方形分为面积相等的两个部分，然后检查是否符合相邻的条件。
　　② 从左上角开始上色，直到着色面积变为总面积的一半。
　　③ 画分界线，把长方形分为面积相等的两部分。

从实现的难易程度来看，解法①最简单，解法③最复杂。下面首先用 Ruby 实现解法①（代码清单 60.01）。在长方形的各个方格里分别标上 0~19 这 20 个数字，并以 10 个为一组分成两组，再进一步递归判断各组内部的方格是不是都纵 / 横相连。

代码清单 60.01（q60_01.rb）

```
# 长方形大小
W, H = 5, 4

def check(color, del)
  color.delete(del)
  # 设置移动方向
  left, right, up, down = del - 1, del + 1, del - W, del + W
  # 如果移动方向上有相同颜色，则继续向这个方向搜索
  check(color, left) if (del % W > 0) && color.include?(left)
  check(color, right) if (del % W != W - 1) && color.include? (right)
  check(color, up) if (del / W > 0) && color.include?(up)
  check(color, down) if (del / W != H - 1) && color.include? (down)
end

# 初始化长方形
map = (0.. W*H-1).to_a
count = 0
map.combination(W * H / 2){|blue|            # 把一半标为蓝色
  if blue.include?(0) then                    # 左上角固定为蓝色
    white = map - blue                        # 剩下的是白色
    check(blue, blue[0])                      # 蓝色是否互相连接
    check(white, white[0]) if blue.size == 0  # 白色是否互相连接
    count += 1 if white.size == 0             # 如果两种颜色都符
                                              # 合条件则计入结果
  end
}
puts count
```

又是一维数组啊。使用过的方格就删除掉，这一点挺有意思的。

待搜索的数组元素不断变少，所以可以有效减少搜索量。

用这个方法可以在不到2秒的时间内得出结果。

接下来实现解法②。为了使处理比较简单，只需要记录已经涂色部分的外边界就可以了。然后，从左上角开始，只对连接的方格涂色，等 10 个方格涂色完毕后，涂色的方格明显是相互连接的，因此只需要验证剩下的 10 个方格是否相互连接即可。

为表示方格状态，设蓝色方格为 1，没有涂色的方格为 0，边界为 9。10 个方格涂色完毕后，检查剩下 10 个方格时，把已检查的白色方格设置为 2（当 2 的数目达到 10 个的时候表示分割成功）（代码清单 60.02）。

代码清单 60.02（q60_02.rb）

```
# 长方形大小
W, H = 5, 4
@width, @height = W + 2, H + 2

NONE, BLUE, WHITE, WALL = 0, 1, 2, 9

map = Array.new(@width * @height, 0)
# 设置外边界
@width.times{|i|
  map[i] = WALL
  map[i + @width * (@height - 1)] = WALL
}
@height.times{|i|
  map[i * @width] = WALL
  map[(i + 1) * @width - 1] = WALL
}

# 从 (1,1) 开始
map[@width + 1] = BLUE
@maps = {map => false}

# 采用广度优先搜索递归地为方格涂色
def fill(depth, color)
```

```
    return if depth == 0
    new_maps = {}
    W.times{|w|
      H.times{|h|
        pos = w + 1 + (h + 1) * @width
        @maps.each{|k, v|
          check = false
          if k[pos] == 0 then
            [1, -1, @width, -@width].each{|d|
              check = true if k[pos + d] == color
            }
          end
          if check then
            m = k.clone
            m[pos] = color
            new_maps[m] = false
          end
        }
      }
    }
    @maps = new_maps
    fill(depth - 1, color)
end

# 把一半方格涂成蓝色
fill(W * H / 2 - 1, BLUE)

# 把白色涂进空着的方格上
new_maps = {}
@maps.each{|k, v|
  pos = k.index(NONE)
  m = k.clone
  m[pos] = WHITE
  new_maps[m] = false
}
@maps = new_maps

# 涂上白色
fill(W * H / 2 - 1, WHITE)

# 统计所有上色完毕的方格
count = 0
@maps.each{|m|
  count += 1 if !(m.include?(NONE))
}
puts count
```

这个解法能在 3 秒左右求得正确答案 "245"。这次我们是用广度优先搜索的方法实现的，如果用深度优先搜索或者整数的比特列的方法，还可以进一步优化性能。

 广度优先搜索还可以用递归来实现啊？

 循环是更常用的方法，但递归的方法也要好好记住哦。

 老师，解法③呢？

 这个解法就留作课后作业吧（实现起来可不简单哦）。

Point

刚才是用递归来实现广度优先搜索的，一般来说，用"队列"和"循环"更多一些。队列就是 Queue，或者说是"先进先出"（FIFO, First In First Out），也就是"从队列的开头取值，向队列的末尾加值"这样的方法。

进行广度优先搜索的时候，如果队列中存在数据，则用循环对队列执行反复处理。举个例子，搜索如 图11 所示的树结构时，一开始只有 1 在队列中，取出 1 后才能把 2 和 3 加入到队列中。接着取出 2 并加入 4 和 5，然后取出 3 并加入 6 和 7。队列的变化如 图12 所示。

图11 搜索树结构时的示例

图12 队列的变化

解答 ▶ **245 种**

至少读三本书

学习新知识的时候，读书是一种比较易于开始的办法。此外，还可以通过到学校里听课或者参加研讨会来学习。现在，我们还可以利用互联网搜索资料来学习。

不过，到学校听课或者参加研讨会都太讲究时机，不容易实现。而通过互联网搜索这种办法虽然可以获取大量信息，但又难以系统化学习。如果追求信息的时效性，那么利用互联网是不错的选择。但要考虑到可靠性，书店里的书则是更好的选择。

到书店里可以找到按类别、作者划分整理的大量图书。这时，如何选择合适的书就变成了一个问题。到亚马逊上看书评也许是一种办法，不过从海量的图书中找到适合自己的书仍是难上加难。

我在学习新技术的时候，一定会至少读三本书，并且不会选择入门书，而是直接读面向中级读者的书。简单地说就是"全面但不太深入"的书。如果看着目录，粗略翻一翻内容就能在脑海中整体把握这本书，那对我而言就是理想的书。

初读时可能会觉得有些难，不过我会坚持通读一遍。如果这时候不懂的地方占多数，那么就要去读入门书了。因为已经对相关内容有了个大体的印象，所以只要读几页应该就能分辨出某本书讲解得浅显还是复杂。反过来，如果读完最初买的书觉得都能理解，那么就要选择更难的书了。换句话说就是参考文献或者"精通○○"之类的书。

读完这两本之后，最后要选一本讲解自己感兴趣的细节的书作为补充。这三本书肯定彼此内容有重叠，但这并不是做无用功，因为通过对比阅读来理解是很有效的。不同作者的不同理解都会见诸笔端。下次如果买书学习，可以参考这种做法。

Q61

IQ:125　目标时间：50分钟

不交叉，一笔画下去

假设这里有横向的 m 个点和纵向的 n 个点，而我们要一笔连接所有点。要求只能用直线连接横向或者纵向相邻的点，并且不允许出现交叉。不能斜着连接，也不能用非直线连接（起点和终点重合也算是交叉）。

当 $m = 4$，$n = 3$ 时，图13 中的 OK 示例是符合要求的连线方法，而 NG 示例里出现了交叉线条，所以不符合要求。

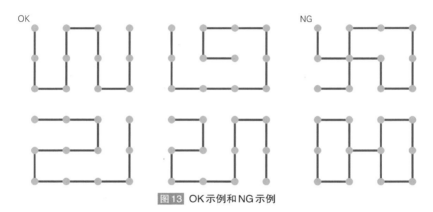

图13 OK示例和NG示例

问题

求当 $m = 5$，$n = 4$ 时，共有多少种画法能一笔连接所有点（下称"一笔画"）（如果只是交换起点和终点，而连线的位置和形状都一致，那么只算作 1 种画法，但如果只是上下或者左右翻转后形状相同而位置不同，则算作不同的画法）？

目前为止，我们已经遇到过不少缩小搜索范围的方法了。本题也可以通过排除方向的办法来缩小范围。

思路

从起点开始，按顺序遍历这些点，反复地上下左右搜索，直到得到一笔画的路径。当没有可选的点时，就终止搜索。此时，如果没有剩余的点，则视作能一笔画下去，所以要一直连接下去，直到无法继续连接才可以求得结果。下面我们用深度优先搜索来实现这个思路。

因为对于同样的笔画路径，如果从反方向开始遍历，得到的结果只会统计为 1 种，所以遍历所有路径后把得到的数减半就是最终答案。用 Ruby 实现时，代码如代码清单 61.01 所示。

代码清单 61.01（q61_01.rb）

```ruby
# 设置点的个数
W, H = 5, 4
# 移动方向
@move = [[0, 1], [0, -1], [1, 0], [-1, 0]]

@map = Array.new(W * H, false)

# 递归遍历
def search(x, y, depth)
  return 0 if x < 0 || W <= x || y < 0 || H <= y || @map[x +
y * W]
  return 1 if depth == W * H
  cnt = 0
  @map[x + y * W] = true
  @move.each{|m|  # 上下左右移动
    cnt += search(x + m[0], y + m[1], depth + 1)
  }
  @map[x + y * W] = false
  return cnt
end

count = 0
(W * H).times{|i|
  count += search(i % W, i / W, 1)
}
# 起点和终点互换位置得到的路径和原先一致，所以最终路径数减半
puts count / 2
```

 这种方法真好理解啊，可以想象得到按顺序遍历的过程呢。

这是非常简单的递归处理，并没有晦涩的地方。在本题的数据量下，不到1秒就可以求出答案。

不过，如果点的个数增加，处理时间会飙升。有 6×5 个点时就需要相当长的处理时间了。下面尝试优化一下吧！

Point

其中一种优化办法是前面的问题中采用过的"相连"。如果画到一半时，剩下的点不相连，那么一笔画无论如何都无法完成。所以，我们可以采用在画到一半的时候检查剩下的点是否相连的方法来优化（代码清单 61.02 ）。

代码清单 61.02 (q61_02.rb)

```ruby
# 设置点的个数
W, H = 5, 4
# 移动方向
@move = [[0, 1], [0, -1], [1, 0], [-1, 0]]
@log = {}

# 递归遍历
def search(x, y, depth)
  return 0 if x < 0 || W <= x || y < 0 || H <= y
  return 0 if @log.has_key?(x + y * W)
  return 1 if depth == W * H
  # 遍历到一半时检查剩下的点是否相连
  if depth == W * H / 2 then
    remain = (0..(W*H-1)).to_a - @log.keys
    check(remain, remain[0])
    return 0 if remain.size > 0
  end
  cnt = 0
  @log[x + y * W] = depth
  @move.each{|m| # 上下左右移动
    cnt += search(x + m[0], y + m[1], depth + 1)
  }
  @log.delete(x + y * W)
  return cnt
end

# 检查是否相连
```

```
def check(remain, del)
  remain.delete(del)
  left, right, up, down = del - 1, del + 1, del - W, del + W
  # 如果前方是同色的，则继续搜索
  check(remain, left) if (del % W > 0) && remain.include?
(left)
  check(remain, right) if (del % W != W - 1) && remain.include?
(right)
  check(remain, up) if (del / W > 0) && remain.include?(up)
  check(remain, down) if (del / W != H - 1) && remain.include?
(down)
end

count = 0
(W * H).times{|i|
  count += search(i % W, i / W, 1)
}

# 起点和终点互换位置得到的路径和原先一致，所以最终路径数减半
puts count / 2
```

当前的数据量下，处理时间的变化不大。如果数据量变大，处理时间的变化会更明显（有 6×5 个点时，处理时间会缩短到一半）。

为什么这种方法可以缩短时间呢?

因为剩余的点不断减少，所以搜索范围也会缩小。

这里还可以用位运算的方法来优化。不过，Ruby 的位运算速度并不快，而如果换用 C 语言实现，处理时间会大幅度缩短。实现题目中的示例时，代码如代码清单 61.03 所示。

代码清单 61.03（q61_03.c）

```
#include <stdio.h>

#define W 5
#define H 4
```

```
int map = 0;

int search(int x, int y, int depth){
  int cnt = 0;
  if ((x < 0) || (W <= x) || (y < 0) || (H <= y)) return 0;
  if ((map & (1 << (x + y * W))) > 0) return 0;
  if (depth == W * H) return 1;
  map += 1 << (x + y * W);
  cnt += search(x + 1, y, depth + 1);
  cnt += search(x - 1, y, depth + 1);
  cnt += search(x, y + 1, depth + 1);
  cnt += search(x, y - 1, depth + 1);
  map -= 1 << (x + y * W);
  return cnt;
}

int main(void) {
  int count = 0;
  int i;
  for (i = 0; i < W * H; i++){
    count += search(i % W, i / W, 1);
  }
  printf("%d", count / 2);
  return 0;
}
```

的确，用简单的方法也能在0.01秒内解决5×4的数据量，即便是 6×5的数据量也能在1.5秒左右完成呢。

位运算的效果的确很明显，不过还可以考虑使用像C这样能实现快速处理的编程语言哦。

请试着用C语言实现一下第2种优化方法吧。

解答 ▶ 1006 种

要搞清楚"为什么"会出现处理速度的差别

在本题中，因为 C 语言的位运算处理速度远要高于 Ruby，所以最后用 C 语言实现了位运算的优化方法。像这样不同语言之间处理速度相差巨大的事例并不少见。重要的是，我们要认识到为什么会出现这种处理速度上的差别。

我首先想到的是"编译型语言"和"解释型语言"的差别。"编译型语言"会在执行前把代码编译为计算机可以直接处理的二进制码，所以可以提高执行速度。不过，很明显编译是要花时间的。而且，同样是编译型语言，像 Pascal 这样可以一次编译的语言，编译时间会比 C 语言短很多。

另外，根据处理的数据类型的不同，像 C 语言和 Pascal 这样有"静态类型"的编程语言，速度会快一些；而像 Ruby 这样有"动态类型"的语言，数据的类型在执行时才能确定。虽然这样比较灵活，但也会带来处理速度上的损失。使用 Ruby 的时候，可以不考虑数据的边界，但那样就会有处理速度上的短板。

能有一些直觉上的判断很可贵，但理解背景和原因也是很重要的。大多数编程语言的源代码都是公开的，阅读语言的源代码也可以帮助我们理解这些背景和原因。

Q62 日历的最大矩形

IQ:120　目标时间：45分钟

请试着找出单个月份的日历上，"只包含工作日"的最大的矩形。这里规定这个矩形不能包含周六日，不能包含假期，也不能跨月份。

举个例子，2014 年 4 月~2014 年 6 月的相应矩形如 图14 所示，这些矩形的总面积为 51（4 月 = 16 天，5 月 = 20 天，6 月 = 15 天）。

2014年4月

日	一	二	三	四	五	六
		1	2	3	4	5
6	7	8	9	10	11	12
13	14	15	16	17	18	19
20	21	22	23	24	25	26
27	28	29	30			

4×4＝16天

2014年5月

日	一	二	三	四	五	六
				1	2	3
4	5	6	7	8	9	10
11	12	13	14	15	16	17
18	19	20	21	22	23	24
25	26	27	28	29	30	31

4×5＝20天

2014年6月

日	一	二	三	四	五	六
1	2	3	4	5	6	7
8	9	10	11	12	13	14
15	16	17	18	19	20	21
22	23	24	25	26	27	28
29	30					

5×3＝15天

图14 2014年4月 ~ 2014年6月的情况

问题

求 2006 年 -2015 年这 10 年中，由各个月的"工作日"构成的最大矩形，并求所有 120 个月的矩形面积之和。

横向搜索工作日倒是简单，只是确认纵向的长度有点儿麻烦。

Hint!

搜索的同时确认纵向延伸的长度也不是不行，但如果能事先计算出纵向的长度，效率会更高呢。

Hint!

求最大矩形的方法有很多，不过要考虑到数据量问题哦。

思路

可以先准备一个用来求每个月对应的最大矩形的函数，然后对 2006 年 - 2015 年的所有月份执行该函数，最后统计矩形面积之和。这样一来，关键点就在于"如何求最大矩形"了。

求最大矩形的一种简单的办法就是，画出各种大小的矩形，并判断其中有没有工作日以外的日子。这样的逻辑可以像代码清单 62.01 这样实现。

代码清单 62.01（q62_01.rb）

```ruby
require 'date'
WEEKS, DAYS = 6, 7

# 读入假日数据文件
@holiday = IO.readlines("q62.txt").map{|h|
  h.split('/').map(&:to_i)
}
# 读入调休工作日数据文件
@extra_workday = IO.readlines("q62-extra-workday.txt").
map{|h|
  h.split('/').map(&:to_i)
}

# 计算符合条件的最大矩形的面积
def max_rectangle(cal)
  rect = 0
  WEEKS.times{|sr|          # 起始行
    DAYS.times{|sc|         # 起始列
      sr.upto(WEEKS){|er|   # 终点行
        sc.upto(DAYS){|ec|  # 终点列
          is_weekday = true # 起始点和终点之间有没有工作日以外的日子
          sr.upto(er){|r|
            sc.upto(ec){|c|
              is_weekday = false if cal[c + r * DAYS] == 0
            }
          }
          if is_weekday then
            rect = [rect, (er - sr + 1) * (ec - sc + 1)].max
          end
        }
      }
    }
  }
  rect
end

# 指定年份和月份，获取最大矩形面积
def calc(y, m)
  cal = Array.new(WEEKS * DAYS, 0)
```

```ruby
  first = wday = Date.new(y, m, 1).wday # 获取该月1日对应的星期
  Date.new(y, m, -1).day.times{|d|        # 循环处理直到该月结束
    if (1 <= wday && wday <= 5 && !@holiday.include?([y, m,
d + 1])) || @extra_workday.include?([y, m, d + 1])
      cal[first + d] = 1
    end
    wday = (wday + 1) % DAYS
  }
  max_rectangle(cal)
end

yyyymm = [*2006..2015].product([*1..12])
puts yyyymm.map{|y ,m| calc(y, m)}.inject(:+)
```

 这种方法是把日历表示为数组，把数组中的工作日标记为1，非工作日标记为0，依次求最大矩形的方法。也就是说，从数组内指定一个矩形，通过判断矩形内部存不存在0来判断其是否符合条件。

Point

对于本题，从处理时间上来说，上述逻辑算得上令人满意。如果要优化一下，可以尝试找出纵向上工作日的延续行数。举个例子，2014年7月的日历如 图15 所示，对应的工作日延续行数可以表示为 图16 这样。

		1	2	3	4	5
6	7	8	9	10	11	12
13	14	15	16	17	18	19
20	21	22	23	24	25	26
27	28	29	30	31		

图15 2014年7月的日历

0	0	1	1	1	1	0
0	1	2	2	2	2	0
0	2	3	3	3	3	0
0	3	4	4	4	4	0
0	4	5	5	5	0	0

图16 纵向计算工作日延续的行数

如果用上述表示方法，只需要知道各行内的值以及矩形横向延续的列数，就可以简单求出最大矩形。这个逻辑可以用 Ruby 实现，代码如代码清单 62.02 所示。

代码清单 62.02（q62_02.rb）

```ruby
require 'date'
WEEKS, DAYS = 6, 7
```

```ruby
# 读入假日数据文件
@holiday = IO.readlines( "q62.txt").map{|h|
  h.split( '/').map(&:to_i)
}
# 读入调休工作日数据文件
@extra_workday = IO.readlines( "q62-extra-workday.txt").
map{|h|
  h.split( '/').map(&:to_i)
}

# 计算符合条件的最大矩形的面积
def max_rectangle(cal)
  s = 0
  WEEKS.times{|row|
    DAYS.times{|left|
      (left..(DAYS - 1)).each{|right|
        # 计算高度
        h = (left..right).map{|w| cal[w + row * DAYS]}
        # 通过高度的最小值和横向长度计算面积
        s = [s, h.min * (right - left + 1)].max
      }
    }
  }
  s
end

# 指定年份和月份，获取最大矩形面积
def calc(y, m)
  cal = Array.new(WEEKS * DAYS, 0)
  first = wday = Date.new(y, m, 1).wday # 获取该月1日对应的星期
  Date.new(y, m, -1).day.times{|d| # 循环处理直到该月结束
    if (1 <= wday && wday <= 5 && !@holiday.include?([y, m,
d + 1])) || @extra_workday.include?([y, m, d + 1])
      # 纵向工作日延续几行?
      cal[first + d] = cal[first + d - DAYS] + 1
    end
    wday = (wday + 1) % DAYS
  }
  max_rectangle(cal)
end

yyyymm = [*2006..2015].product([*1..12])
puts yyyymm.map{|y ,m| calc(y, m)}.inject(:+)
```

 就日历而言，矩形的面积不会变得太大，所以我们还可以在兼顾性能的同时，尽量选择简单的实现方法。

解答　**1875**

Q63 迷宫会合

涂抹横向和纵向排列的 $n \times n$ 个方格中的几个，制作成迷宫。这里规定被涂抹的方格是墙壁，没有被涂抹的就是道路。

两人分别从 A 点和 B 点同时出发，每次前进 1 个方格，且按照"右手法则"前进。所谓右手法则，就是靠着右边墙壁前进，不一定要按最短路径前进，但最终要回到入口或者到达出口（其中一人从 A 点出发向 B 点前进，另一人从 B 点出发向 A 点前进。A 点和 B 点的位置固定，假设就是左上角和右下角）。

那么，两人在途中相遇的情况一共有多少种呢？同时到达同一点算相遇，其中一人到达终点，另一人同时回到这个位置也算。

举个例子，当 $n = 4$ 时，图17 中①的情况下两人可以相遇，②的情况下两人就不能相遇（①的情况下，如果 A 像"↓↓↑→→↓↓←←→"这样移动，而 B 像"←↑↑→←↑↓←←↑"这样移动，在第 5 次移动时两人就会相遇）。

① 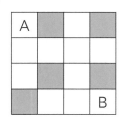　　②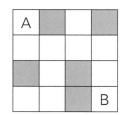

图17 当 $n = 4$ 时的示例

问题

求当 $n = 5$ 时，两人能在途中相遇的迷宫模式有多少种？

 真是不想全量搜索啊。

 Hint! 如果能预先判断是不是有效的迷宫，就能缩小搜索范围了哦。

思路

本题的关键在于"怎样实现用右手法则进行搜索"。首先用 0 表示道路，用 1 表示墙壁，通过设置 0 和 1 表示迷宫。那么问题就变成了求有多少种设置方法能使按照右手法则在迷宫中前进的两人相遇。

为实现右手法则搜索，要设置一个按右、上、左、下排列，表示移动方向的数组，并且改变这个数组的索引。譬如目前的移动方向是"上"，那么接下来就要按照右、上、左的顺序来依次搜索；如果目前的移动方向是"左"，那么接下来就要按照上、左、下的顺序来搜索（图18）。

图18 搜索方向

如果用 Ruby 实现，代码如代码清单 63.01 所示。

代码清单 63.01（q63_01.rb）

```ruby
N = 5
# 右手法则的移动方向（按右、上、左、下的顺序）
@dx = [[1, 0], [0, -1], [-1, 0], [0, 1]]

# maze：墙壁设置
# p1, d1：第 1 个人走过的路径和移动方向
# p2, d2：第 2 个人走过的路径和移动方向
def search(maze, p1, d1, p2, d2)
  if p1.size == p2.size then # 两人同时移动的情况
    # 两人相遇则成功
    return true if p1[-1][0..1] == p2[-1][0..1]
    # 第 1 个人到达右下方则失败
    return false if p1[-1][0..1] == [N - 1, N - 1]
    # 第 2 个人到达左上方则失败
    return false if p2[-1][0..1] == [0, 0]
  end
  # 两人从同一个方向移动过来，则路径形成环，失败
  return false if p1.count(p1[-1]) > 1

  pre = p1[-1]
  @dx.size.times{|i| # 搜索右手法则指向的方向
    d = (d1 - 1 + i) % @dx.size
    px = pre[0] + @dx[d][0]
    py = pre[1] + @dx[d][1]
    # 判断前方是否是墙壁
    if (px >= 0) && (px < N) && (py >= 0) && (py < N) &&
```

```
          (maze[px + N * py] == 0) then
        return search(maze, p2, d2, p1 + [[px, py, d]], d)
        break
      end
    }
    false
end

a = [[0, 0, -1]]          # A: 左上角（X坐标、Y坐标、向前的移动方向）
b = [[N - 1, N - 1, -1]]  # B: 右下角（X坐标、Y坐标、向前的移动方向）
cnt = 0
[0, 1].repeated_permutation(N * N - 2){|maze|
  # 两人的起始位置一定作为路径的一部分搜索
  # A向下移动（@dx[3]）、B向上移动（@dx[1]）
  cnt += 1 if search([0] + maze + [0], a, 3, b, 1)
}
puts cnt
```

也就是说，左上角和右下角一定不会放置墙壁，剩下的 N^2-2 个方格中分别设置了0和1，对吧？为什么最初的"前进方向"要设置成"−1"呢？

因为如果两人从同一个方向移动过来，则路径会被判断为环。这样是为了把开始位置设置为例外情况。

当 $n = 4$ 时，上述处理几乎可以瞬间完成，但本题里 $n = 5$，所以就要稍微多花费一些时间了。这里可以通过在搜索前判断迷宫是否有效（能否到达目标）的方式优化。如果搜索前就进行判断，那么只需要搜索 $2^{25} = 33554432$ 种情况中的 1225194 种即可，只占全部情况的约 3.6%。不过，判断迷宫是否有效也需要一定时间。

为简化处理，可以把迷宫表示成 $n \times n$ 位的比特列（和上述一样，道路是 0，墙壁是 1，通过设置 0 和 1 来表示迷宫）。这样设置后，上下左右的移动就可以用位运算来实现了（代码清单 63.02）。

代码清单 63.02（q63_02.rb）

```
N = 5
MASK = (1 << (N * N)) - 1
# 利用位运算计算已经移动的位置
@move = [lambda{|m| (m >> 1) & 0b0111101111011110111101111},
```

```
                lambda{|m| (m << N) & MASK},
                lambda{|m| (m << 1) & 0b11110111101111011111011110},
                lambda{|m| m >> N}]

# 判断迷宫是否有效
def enable(maze)
  man = (1 << (N * N - 1)) & (MASK - maze) # 从左上角出发
  while true do
    next_man = man
    @move.each{|m| next_man |= m.call(man)} # 上下左右移动
    next_man &= (MASK - maze)               # 可以移动到墙壁以外的方格
    return true if next_man & 1 == 1 # 能到达右下角就有效
    break if man == next_man
    man = next_man
  end
  false
end

# maze：墙壁设置
# p1, d1：第 1 个人走过的路径和移动方向
# p2, d2：第 2 个人走过的路径和移动方向
def search(maze, p1, d1, p2, d2, turn)
  if turn then
    return true if p1 == p2 # 两人相遇
    # 其中一人到达终点
    return false if (p1 == 1) || (p2 == 1 << (N * N - 1))
  end
  @move.size.times{|i| # 搜索右手法则指向的方向
    d = (d1 - 1 + i) % @move.size
    if @move[d].call(p1) & (MASK - maze) > 0 then
      return search(maze, p2, d2, @move[d].call(p1), d, !turn)
    end
  }
  false
end

cnt = 0
(1 << N * N).times{|maze|
  if enable(maze) then
    man_a, man_b = 1 << (N * N - 1), 1
    cnt += 1 if search(maze, man_a, 3, man_b, 1, true)
  end
}
puts cnt
```

用位运算表示移动这个方法相当有趣，但是不够直观啊。

把位掩码的值以 N 个数为单位分割开，就可以以行为单位来理解哦。这里如果分割为 5 位就会更容易理解啦。

判断迷宫是否有效，以及对上下左右移动的处理等在其他场景下也适用，大家最好记住这些方法。

用这个方法的确可以缩短处理时间，但用 Ruby 还是太慢。同样的处理如果用 C 语言来实现，就可以像代码清单 63.03 这样来实现，大概只需 2 秒就可以完成（因为处理过程和上述代码一致，所以这里去掉了注释）。

代码清单 63.03（q63_03.c）

```c
#include <stdio.h>

#define N 5
#define MASK (1 << (N * N)) - 1

unsigned int right(unsigned int maze){
  return (maze >> 1) & 0b0111101111011110111101111;
}
unsigned int up(unsigned int maze){
  return (maze << N) & MASK;
}
unsigned int left(unsigned int maze){
  return (maze << 1) & 0b1111011110111101111011110;
}
unsigned int down(unsigned int maze){
  return (maze >> N);
}

unsigned int (*move[])(unsigned int) = {right, up, left, down};

int enable(int maze){
  unsigned int man = (1 << (N * N - 1)) & (MASK - maze);
  while (1){
    unsigned int next_man = man;
    int i = 0;
    for (i = 0; i < 4; i++){
      next_man |= (*move[i])(man);
    }
```

```
    next_man &= (MASK - maze);
    if (next_man & 1 == 1) return 1;
    if (man == next_man) break;
    man = next_man;
  }
  return 0;
}
int search(int maze, int p1, int d1, int p2, int d2, int turn){
  int i = 0;
  if (turn == 1){
    if (p1 == p2) return 1;
    if ((p1 == 1) || (p2 == 1 << (N * N - 1))) return 0;
  }
  for (i = 0; i < 4; i++){
    int d = (d1 - 1 + i + 4) % 4;
    int next_p = (*move[d])(p1);
    if ((next_p & (MASK - maze)) > 0)
      return search(maze, p2, d2, next_p, d, 1 - turn);
  }
  return 0;
}
int main(void) {
  int count = 0;
  int i = 0;
  for (i = 0; i < (1 << N * N); i++){
    if (enable(i) > 0){
      if (search(i, 1 << (N * N - 1), 3, 1, 1, 1) > 0)
        count++;
    }
  }
  printf("%d", count);
  return 0;
}
```

 果然位运算还是用 C 语言这样的命令式语言实现比较快啊。

 Ruby 这样的脚本语言即便是仅仅执行 2^{25} 遍循环也会花费相当长的时间。在选择编程语言时，不仅要考虑思路，还要从实际问题的角度出发去进行选择。

 解答 660148 种

Q64 | 麻烦的投接球

棒球运动有一项基本的投接球练习。在投接球中，重要的是投出让对方接起来比较容易的球。这里假设有 12 个学生，以 6 人为一组分为两组相对练习。

假设如 图19 所示，为每个学生分配 1~12 的编号，大家反复进行投接球练习，使得 1 号学生手上的球最终会传给 12 号。但同时，有以下几个条件。

图19 投接球示例

条件 1：1 个学生同时只能拿 1 个球
条件 2：每次只能由 1 个学生投球，并且一定会有接球人
条件 3：最开始只有 1~11 号学生手上有球
条件 4：每个学生投球的目标只能是三者（正对面及其左右的学生）之一
条件 5：投接球结束后，除了 1 号和 12 号，其他学生手上一定要拿
　　　　着最开始的球

最开始只有 12 号手上没有球，所以第 1 次投球的学生只能是 5 号或者 6 号。

问题

求 1 号手上的球传到 12 号并且满足条件 5 时，最少投球次数是多少？假设每个人手上的球都能彼此区别开来。

Hint!

为了缩小搜索范围，我们可以考虑从两个方向同时开始搜索。

首先实现问题描述的向对手投球的逻辑。如果同一状态反复出现，那么最终就不可能是最少次数，因此利用广度优先搜索进行遍历时需要排除重复出现的状态。

给每个球编号，把每个学生手上的球的编号用数组存储。手上没有球的学生的球用 0 表示。最终使得 1 号学生手上没有球，而 12 号学生手上拿着 1 号学生的球时就可以结束搜索。用 Ruby 实现这个逻辑时，代码如代码清单 64.01 所示。

代码清单 64.01（q64_01.rb）

```ruby
# 6 组对手
PAIR = 6

# 设置起始和终止状态
start = (1..PAIR * 2 - 1).to_a + [0]
goal = [0] + (2..PAIR * 2 - 1).to_a + [1]

# 获取投接球状态列表
def throwable(balls)
  result = []
  balls.each{|ball|
    c = ball.index(0)                          # 获取接球手位置
    p = (c + PAIR) % (PAIR * 2)                 # 计算接球手正对面的位置
    [-1, 0, 1].each{|d|                         # 正对面及其左右
      if (p + d) / PAIR == p / PAIR then
        ball[c], ball[p + d] = ball[p + d], ball[c]
        result.push(ball.clone)                # 设置投球结果
        ball[c], ball[p + d] = ball[p + d], ball[c]
      end
    }
  }
  result
end

# 设置初始状态
balls = [start]
log = [start]
cnt = 0
# 广度优先搜索
while !balls.include?(goal) do
  next_balls = throwable(balls)     # 获取下一步
  balls = next_balls - log          # 选择之前没有出现过的投球方案
  log |= next_balls                 # 添加投球结果
```

```
   cnt += 1
end
puts cnt
```

 正对面及其左右的处理挺有意思的。是"通过组数的除法运算判断是否在同一侧"吧?

 是的。此外都是比较简单的广度优先搜索逻辑,并不是很难。不过,如果只有5组投接球对手,通过上述逻辑几乎马上可以求出答案。而本题里有6组,所以处理时间会很长。

下面优化一下,试试双向搜索,即从起始状态和终止状态同时开始搜索,直到到达同一状态(代码清单64.02)。

代码清单 64.02(q64_02.rb)

```
# 6 组对手
PAIR = 6

# 设置起始和终止状态
start = (1..PAIR * 2 - 1).to_a + [0]
goal = [0] + (2..PAIR * 2 - 1).to_a + [1]

# 获取投接球状态列表
def throwable(balls)
  result = []
  balls.each{|ball|
    c = ball.index(0)                        # 获取接球手位置
    p = (c + PAIR) % (PAIR * 2)              # 计算接球手正对面的位置
    [-1, 0, 1].each{|d|                       # 正对面及其左右
      if (p + d) / PAIR == p / PAIR then
        ball[c], ball[p + d] = ball[p + d], ball[c]
        result.push(ball.clone)              # 设置投球结果
        ball[c], ball[p + d] = ball[p + d], ball[c]
      end
    }
  }
  result
end
# 设置初始状态
fw = [start]
fw_log = [start]
```

```
bw = [goal]
bw_log = [goal]
cnt = 0

# 双向的广度优先搜索
while true do
  next_fw = throwable(fw)        # 获取正向的下一步
  fw = next_fw - fw_log          # 选择之前没有出现过的投球方案
  fw_log |= next_fw              # 添加投球结果
  cnt += 1
  break if (fw & bw).size > 0    # 如果状态相同，则终止处理

  next_bw = throwable(bw)        # 获取反向的下一步
  bw = next_bw - bw_log          # 选择之前没有出现过的投球方案
  bw_log |= next_bw              # 添加投球结果
  cnt += 1
  break if (fw & bw).size > 0    # 如果状态相同，则终止处理
end
puts cnt
```

执行上述程序后只需要几秒就可以求出答案。

Point

还有一种方法，就是 Q04 的专栏里提到的"迭代深化"。迭代深化就是通过逐渐增加深度优先搜索的深度进行搜索的方法，可以把内存消耗控制在一定的水平上（关键点在于考虑和目标状态的距离并剪枝）。

 37 次

Q65 | IQ:125　目标时间：50分种
图形的一笔画

现有如 图20 左侧所示的 4 个图块。我们来思考一下对用这些图块横向和纵向拼合而得到的图形一笔画的情况。

举个例子，如果横向和纵向都有 2 个图块，则可以得到如 图20 右侧所示的图形（拼合之后，图块的边界重合）。上面的 2 个图形不能一笔画出来，下面的 2 个可以。

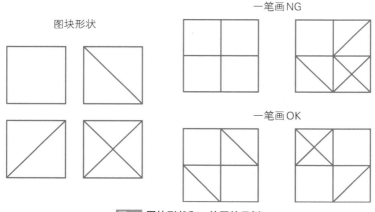

图20 图块形状和一笔画的示例

问题

求横向有 4 个图块、纵向有 3 个图块（即 3 行 4 列）时，能拼出多少个可以一笔画的图形（上下镜像和左右镜像的图形算作不同图形）？

判断能否一笔画，只需要关注顶点处的边数就可以了吧。

嗯，得到一个数字，然后判断是奇数还是偶数就可以了。

Hint!

Q65 图形的一笔画 | 273

思路

首先需要知道能一笔画的条件。关于这一点，网上有不少资料。下面引用维基百科（ URL https://zh.wikipedia.org/wiki/ 一笔画问题）上的描述来讲解。

- 所有的顶点的度数 [1]（即与顶点相连的边数）为偶数

  ······笔迹最终回到起点的情况（闭环）
- 其中 2 个顶点的度数为奇数，剩余的顶点的度数均为偶数

  ······笔迹最终不回到起点的情况（非闭环）
  ※ 笔迹指的是笔的轨迹。

也就是说，只需要找出"奇点个数为 0 或者 2 的情况"即可。这样，一笔画问题就变为检查顶点的度数为奇数或者偶数了，所以图块内部线条的交叉点可以忽略不计。

也就是拼合图块，然后计算与顶点相连的边数就可以了吧？

通过计算边数也可以求出答案，不过这里我们只需要知道"边数（顶点的度数）是偶数还是奇数"，所以如果每个图块上的顶点的度数是奇数则标为 1，是偶数则标为 0 就可以了。

举个例子，未拼合时，与各顶点相连的边数的奇偶情况如下所示。

0, 1, 1, 1, 0
1, 0, 0, 0, 1
1, 0, 0, 0, 1
0, 1, 1, 1, 0

然后，拼合图块，按行处理上面的值的变化情况。我们可以像代码清单 65.01 这样实现。

---

[1] 即 Degree of a Vertex，即与顶点相连的边数。顶点的度数为奇数的称为奇点，为偶数的称为偶点。由偶点组成的图一定可以一笔画；只有两个奇点，而其余都为偶点的图也一定可以一笔画；其他情况下的图都不能一笔画。　　　——编者注

代码清单 65.01（q65_01.rb）

```ruby
# 设置图块个数
W, H = 4, 3
# 用于按位反转的值
XOR_ROW = (1 << (W + 1)) - 1

# 按行搜索
def search(up, y, odds)
  # 截至上一行, 如果奇点的个数大于 2, 则排除这种情况
  return 0 if 2 < odds

  row = 1 << W | 1        # 设置初始值

  # 反转最初和最后的行
  row = XOR_ROW ^ row if (y == 0) || (y == H)

  if y == H then          # 如果是最后一行, 则检查后结束
    odds += (row ^ up).to_s(2).count("1")      # 计算奇点的个数
    return 1 if (odds == 0) || (odds == 2)     # 如果为 0 或者 2,
                                               # 则计入结果
    return 0
  end
  cnt = 0
  (1 << W).times{|a|      # 图块内容（有无左上至右下的线条）
    (1 << W).times{|b|    # 图块内容（有无左下至右上的线条）
      cnt += search(a ^ b << 1, y + 1,
            odds + (row ^ up ^ a << 1 ^ b).to_s(2).count("1"))
    }
  }
  return cnt
end

puts search(0, 0, 0)
```

我不太明白设置图块内容时变量 a 和 b 的作用。

变量 row 表示的是顶点, 而 a 和 b 表示的是图块。这就是这段程序的特征。

也就是说，图21 这种情况可以用右侧的比特列来表示。

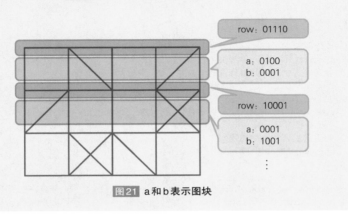

row：01110

a：0100
b：0001

row：10001

a：0001
b：1001

⋮

图21 a和b表示图块

也就是说，要想根据从上一行引出的斜线，计算集中在顶点处的边数是偶数还是奇数，只需要对"b左移1位后的值"和a执行异或运算就可以了，是吧？

原来如此。通过row和up就可以知道从上一行引出的边数为奇数的顶点的个数了（即奇点的个数）。对于与下一行相连的部分，一旦对"a左移1位后的值"和b执行异或运算，就可以知道当前状态下边数为奇数的顶点的个数了吧？

是的。很多复杂的判断用位运算表示时可以写得很简单。

剩下的就是留意运算符的优先级了哦。"^"和"<<"中，"<<"的优先级更高。

上述程序是以行为单位处理的，也可以像代码清单 65.02 这样以图块为单位处理。关键在于要比较好地剪枝。

代码清单 65.02（q65_02.rb）

```ruby
# 设置图块个数
W, H = 4, 3
row = [0] + [1] * (W - 1) + [0]
@edge = row + row.map{|r| 1 - r} * (H - 1) + row

def search(panel, odds)
  # 截至最后一个图块，奇点是否超过 2 个
  return (@edge.inject(:+) > 2)?0:1 if panel >= (W + 1) * H
  # 如果中途奇点超过 2 个，则不可能完成一笔画
  return 0 if odds > 2

  cnt = 0
  if panel % (W + 1) < W then     # 到达行的最右侧
    # 遍历图块内没有斜线的情况
    cnt += search(panel + 1, odds + @edge[panel])

    # 图块内有从左上到右下的线
    @edge[panel] = 1 - @edge[panel]
    @edge[panel + W + 2] = 1 - @edge[panel + W + 2]
    cnt += search(panel + 1, odds + @edge[panel])

    # 图块内有交叉线
    @edge[panel + 1] = 1 - @edge[panel + 1]
    @edge[panel + W + 1] = 1 - @edge[panel + W + 1]
    cnt += search(panel + 1, odds + @edge[panel])

    # 图块内有从右上到左下的线
    @edge[panel] = 1 - @edge[panel]
    @edge[panel + W + 2] = 1 - @edge[panel + W + 2]
    cnt += search(panel + 1, odds + @edge[panel])

    # 斜线回到原点
    @edge[panel + 1] = 1 - @edge[panel + 1]
    @edge[panel + W + 1] = 1 - @edge[panel + W + 1]
  else                            # 到达行右端时，进入下一行
    cnt += search(panel + 1, odds + @edge[panel])
  end
  cnt
end

puts search(0, 0)
```

此外，像下面这样单纯从数学角度思考也能求出答案。

存在斜线的时候，顶点的度数的变化如下所示。

- 偶点和偶点 → 偶点减少 2 个，奇点增加 2 个
- 偶点和奇点 → 当偶点和奇点交换位置的时候，顶点的度数不变
- 奇点和奇点 → 奇点减少 2 个，偶点增加 2 个

而且，斜线影响的只是对角线的奇点，也就是下面○中出现 2 个增减，或者 × 中出现 2 个增减。

○×○×○
×○×○×
○×○×○
×○×○×

初始值时，○处的奇点是 5 个，× 处的奇点也是 5 个，为使奇点变为 2 个，需要把○中的奇点变为 1 个，× 中的奇点也变为 1 个（本题条件下，4×3 的图块不可能出现奇点为 0 的情况）。也就是说，需要从 10 个○中选出一个，再从 10 个 × 中选出 1 个，所以能一笔画的奇点的位置组合为 10×10，也就是 100 种。

然后，在奇点位置确定后枚举图块的排列。要想在不改变奇偶的情况下设置图块，就需要组合闭环。本题中，闭环图形共有 $2^6 = 64$ 种，所以只计算 64×100 就可以得出答案。

解答 6400 种

Q66

IQ:120 | **目标时间：45分**

设计填字游戏

填字游戏（Crossword Puzzle）就是在行与列交叉处的方格内填字的游戏。假设这里有填了字的方格（白色）和没有填字的方格（黑色），这些方格的设置有如下规则（图22）。

- 黑色方格不能纵向和横向相连
- 黑色方格不能分裂整个表格
  （参考： URL https://zh.wikipedia.org/wiki/填字游戏）

OK示例　　　　　　NG示例1　　　　　　NG示例2

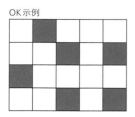　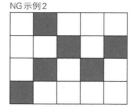

图22 填字游戏示例

问题

求在方格为 5 行 6 列的填字游戏中，满足上述条件的设计有多少种（只考虑黑色和白色的位置，不考虑其中填入的字）？

Hint!

填字游戏中，方格越多，需要的处理时间越长。不过就本题的数据量而言，简单的逻辑就可以应对了。请先用简单的算法实现。

第1个条件是"黑色方格不能纵向和横线相连"，这个比较简单。在放置新的黑色方格时，注意左边或者上边不能有黑色方格就可以了。

Q66　设计填字游戏 | **279**

思路

难点在于第 2 个条件的处理。如果"黑色方格不能分裂整个表格"，会让人因不知道应该着眼于黑色方格还是白色方格而感到迷茫。

这里我们先按照第 1 个条件放置好黑色方格，然后根据白色方格来判断是否符合第 2 个条件。最后，从任意一个白色方格出发，向上下左右前进，如果最终所有白色方格都相连，则符合条件。

用 Ruby 实现这个方法时，代码如代码清单 66.01 所示。这里，我们在生成的填字游戏的外侧设置了边界，使条件确认更加简单了（白色方格为 0，黑色方格为 1，边界为 –1）。

代码清单 66.01（q66_01.rb）

```ruby
W, H = 6, 5
# 初始化表格
@puzzle = Array.new(W + 2).map{Array.new(H + 2, 0)}
(W+2).times{|w|
  (H+2).times{|h|
    if (w==0) || (w==W+1) || (h==0) || (h==H + 1) then
      @puzzle[w][h] = -1
    end
  }
}

def fill(x, y, from, to)          # 填充元素，确认是否连续
  if @puzzle[x][y] == from then
    @puzzle[x][y] = to
    fill(x - 1, y, from, to)
    fill(x + 1, y, from, to)
    fill(x, y - 1, from, to)
    fill(x, y + 1, from, to)
  end
end

def check()
  x, y = 1, 1
  x += 1 if @puzzle[x][y] == 1
  fill(x, y, 0, 2)                # 在白色方格内填入临时数据
  result = (@puzzle.flatten.count(0) == 0)
  fill(x, y, 2, 0)               # 临时数据恢复为白色方格
  result
end

def search(x, y)
  x, y = 1, y + 1 if x == W + 1  # 到达最右侧，进入下一行处理
```

```
   return 1 if y == H + 1          # 能搜索到最后则代表成功
   cnt = search(x + 1, y)          # 设置白色方格，进入下一层搜索
   # 如果左边或者上边不是黑色方格，则设置黑色方格并进入下一层搜索
   if (@puzzle[x - 1][y] != 1) && (@puzzle[x][y - 1] != 1) then
     @puzzle[x][y] = 1             # 设置黑色方格
     cnt += search(x + 1, y) if check()
     @puzzle[x][y] = 0            # 恢复黑色方格
   end
   cnt
end

p search(1, 1)                     # 从左上角开始
```

 check函数中的flatten是什么呀？

 这是把数组扁平化的处理，用于把二维数组转换成一维数组。

 转换成一维数组之后，就可以很简单地确认数组元素里有没有0了。

用 Ruby 实现时，处理时间大概是 6 秒，而如果用 C 或者 C++ 等，上述逻辑大概不到 1 秒就可以处理完毕。不过，如果方格数增多，处理时间会大幅增加。

Point

另一种方法是逐行处理。增加行数时，如果表格已经被分裂，则可以提前终止搜索，从而提高处理速度。至于如何判断是否分裂，我们可以用 Q63 里的方法。举个例子，如图23 所示的情况出现时，就可以终止搜索。

 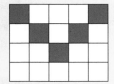

图23 可以终止搜索的示例

的确，用逐行处理的方法时，还可以用比特列来表示黑色方格，优化空间很大呢。

 如果用比特列表示，纵向和横向是否相连的判断也很简单呢，请一定试着实现一下哦。

解答 149283 个

➔ Column

十年后会消失的职业

　　填字游戏从很久以前就颇受计算机研究人员的钟爱。本题是关于黑色方格设置的问题，而更多研究人员探究的是"自动生成包含文字的填字游戏"或者"如何解填字游戏"等。

　　光是确定黑色方格的设置，填入文字使之成为有具体含义的短语就已经是相当困难的任务了。而且英语字母只有 26 个，但要制作日语填字游戏可就复杂多了。填字游戏的规模越大，不仅是设计更难了，确认题目能否解得出来的难度也会大大增加。

　　如果你去书店的益智游戏区域就会发现，不仅有填字游戏相关的书，还有与其他谜题相关的书。不少期刊杂志也刊登了大量的谜题，因此谜题需求量巨大，以至于催生出了专门的谜题作家这一职业。不过想到要由人来设计这样的游戏，总觉得太过艰难。

　　要是可以用计算机自动生成这样的谜题就好了……不过转念一想，这样一来是不是就抢了谜题作家的饭碗了呢？随着人工智能的发展，会被计算机取代的职业越来越多了。不仅仅是人工智能，随着搭载了计算机的设备的普及，不需要人工的地方越来越多了。不久前就有一篇题为"十年后会消失的职业"的报告被发表，并引起了人们的广泛关注。

　　报告中提及的职业有些的确会消失，也有些不太符合现实。希望大家想一想，自己在做的职业十年后还有必要存在吗？

Q67

IQ:120   目标时间：45分钟

不挨着坐是一种礼节吗

在公交和地铁上，有时会有一些空着的座位。似乎出于礼节，大多数人都会自然而然地选择坐到旁边都是空座位的座位上。这里，我们假定有一排空座位，大家会尽量选择邻座没有人的空座位先坐。如果没有这样的空座位，才会选择坐到剩下的空座位上。

问题

如 图24 所示，有 12 个人先后坐在编号为 A~L 的 12 个座位上时，12 个人落座的顺序有多少种（每个座位各不相同，1 个座位上只能坐 1 个人）？

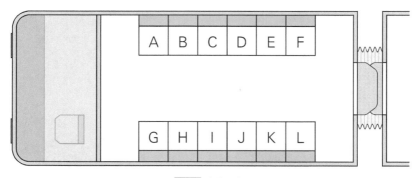

图24 座位示例

相对的两排座位要怎么表示呢？

使用边界标记就好啦。像 图25 一样加上墙壁就可以直观地表示了吧？

| 墙壁 | A | B | C | D | E | F | 墙壁 | G | H | I | J | K | L | 墙壁 |

图25 使用墙壁时的示意图

Q67 不挨着坐是一种礼节吗 | 283

搜索方法有不少。如果全量搜索，处理时间会比较长。这里先搜索邻座没有人的空座位，等没有符合条件的空座位后，再按顺序选择剩余的空座位，然后计算剩余人数的阶乘就可以了。

这里，我们用一维数组表示座位，并设置用于检测边界的墙壁。用 Ruby 实现逻辑时，代码如代码清单 67.01 所示。

代码清单 67.01（q67_01.rb）

```ruby
N = 6
FREE, USED, WALL = 0, 1, 9

# 在两边和正中间设置墙壁作为边界
@seat = [WALL] + [FREE] * N + [WALL] + [FREE] * N + [WALL]

def search(person)
  count = 0
  # 搜索邻座没有人的空座位
  @seat.size.times{|i|
    if @seat[i] == FREE then
      if (@seat[i - 1] != USED) && (@seat[i + 1] != USED) then
        # 如果有空着的座位，则坐下，并接着搜索下一层
        @seat[i] = USED
        count += search(person + 1)
        @seat[i] = FREE
      end
    end
  }
  # 存在邻座没有人的空座位时采用上述逻辑，其他情况下则通过阶乘计算
  (count > 0) ? count : (1..@seat.count(FREE)).inject(:*)
end

puts search(0)
```

这是深度优先搜索的经典实现啊，理解起来很容易呢。

如果说哪里作了优化，大概是计算阶乘时用了 inject 吧？

是啊。考虑到处理速度，可以优化阶乘的计算，这个数据量下用
inject就足够了。像这次 N = 6 的情况下，几乎一瞬间就可以得出
答案。

　　不过，如果 N 变大，处理时间会增加。比如 N = 8 时处理时间就会
很长。这时我们还可以考虑用内存化的办法来进一步优化。一旦遍历过
座位的状态就把结果保存下来。如果采用这样的优化，即使 N = 10 也
可以在 1 秒左右完成处理。

代码清单 67.02（q67_02.rb）

```ruby
N = 6
FREE, USED, WALL = 0, 1, 9

@memo = {}

def search(seat)
  return @memo[seat] if @memo.has_key?(seat)
  count = 0
  # 搜索邻座没有人的空座位
  seat.size.times{|i|
    if seat[i] == FREE then
      if (seat[i - 1] != USED) && (seat[i + 1] != USED) then
        # 如果有空着的座位，则坐下，并接着搜索下一层
        seat[i] = USED
        count += search(seat)
        seat[i] = FREE
      end
    end
  }
  # 存在邻座没有人的空座位时采用上述逻辑，其他情况下则通过阶乘计算
  @memo[seat] = (count > 0) ? count : (1..seat.
count(FREE)).inject(:*)
end

puts search([WALL] + [FREE] * N + [WALL] + [FREE] * N +
[WALL])
```

内存化果然很重要啊。

座位的状态也由实例变量变为了参数，可读性进一步提升了呢。

Point

就本题而言，单纯用数学中的阶乘也可以解答。在"没有这样的空座位"（即没有邻座没有人的空座位）的情况下，如果分别用○和×表示座位A~F的状态（坐了人的座位用○表示，没有人坐的座位用×表示），则已有2人坐下的状态如下所示，只有1种落座顺序。

×○××○×

有3人坐下的状态如下所示，共4种落座顺序。

○×○×○×
○×○××○
○××○×○
×○×○×○

然后只需要确认在空座位上落座时的数列的个数就可以了。也就是说，A~F和G~L分别坐了2人时，最初4个人的落座顺序有4!种，剩余8人的落座顺序为8!种，共4!×8!种；A~F坐了2人，G~L坐了3人时，最初5个人的落座顺序为4×5!种，剩余7人的落座顺序为7!种，也就是共4×5!×7!种；A~F坐了3人，G~L坐了2人时与前一种情况一样，是4×5!×7!种；A~F，G~L分别坐了3人时，最初6个人的落座顺序为4×4×6!种，剩余6个人的落座顺序为6!种，因此是4×4×6!×6!种。

统计这4种情况下的总数就可以得到正确答案"14100480"。如果把这个方法通用化并写成程序，可以非常快地处理完。

 14100480 种

Q68

异性相邻的座次安排

回想起学生时期调座位的时候，我们的心里总是会小鹿乱撞。想必很多人都对谁会坐自己旁边这件事莫名地激动吧？

这里我们考虑一种"前后左右的座位上一定都是异性"的座次安排。也就是说，像 图26 右侧那样，前后左右都是同性的座次安排是不符合要求的（男生用蓝色表示，女生用灰色表示）。

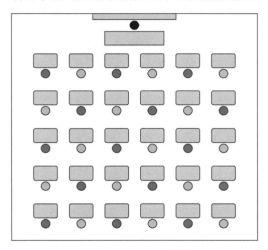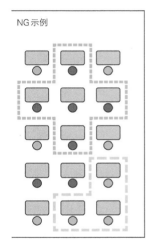

NG 示例

图26 座次安排示例

问题

假设有一个男生和女生分别有 15 人的班级，要像 图26 那样，排出一个 6×5 的座次。求满足上述条件的座次安排共多少种（前后或者左右镜像的座次也看作不同的安排。另外，这里不在意具体某个学生坐哪里，只看男生和女生的座次安排）？

剪枝可以有效缩小搜索范围哦。

思路

如果完全按照问题描述实现，只需要遍历 30 个座位中 15 个男生的座次，满足条件就 OK 了。如果不考虑可扩展性、处理速度等，只需要把不符合条件的情况排除就可以了，并不是很难。

这里，我们事先准备好要排除的座次安排，统计不在这个范围内的座次安排即可。用 Ruby 实现时，如代码清单 68.01 所示。

代码清单 68.01（q68_01.rb）

```
# 从 1 ~ 30 为座位编号
seats = (1..30).to_a
# 不符合条件的座次安排要排除
ng = [[1, 2, 7], [5, 6, 12], [19, 25, 26], [24, 29, 30],
      [1, 2, 3, 8], [2, 3, 4, 9], [3, 4, 5, 10],
      [4, 5, 6, 11], [1, 7, 8, 13], [7, 13, 14, 19],
      [13, 19, 20, 25], [6, 11, 12, 18], [12, 17, 18, 24],
      [18, 23, 24, 30], [20, 25, 26, 27], [21, 26, 27, 28],
      [22, 27, 28, 29], [23, 28, 29, 30],
      [2, 7, 8, 9, 14], [3, 8, 9, 10, 15], [4, 9, 10, 11, 16],
      [5, 10, 11, 12, 17], [8, 13, 14, 15, 20], [9, 14, 15, 16, 21],
      [10, 15, 16, 17, 22], [11, 16, 17, 18, 23],
      [14, 19, 20, 21, 26], [15, 20, 21, 22, 27],
      [16, 21, 22, 23, 28], [17, 22, 23, 24, 29]]

cnt = 0
seats.combination(15){|boy|        # 男生的座次安排组合
  girl = seats - boy               # 女生的座次安排组合
  if ng.all?{|n| boy & n != n} && ng.all?{|n| girl & n != n} then
    cnt += 1
  end
}
p cnt
```

就是简单地选择15个人，排除不符合条件的情况而已啊。这个处理容易理解，好像也没有什么问题。

问题是，处理速度怎么样呢？

嗯……我手里的电脑执行完要一个半小时呢。

要想改善处理速度，就要考虑"如何缩小搜索范围"。基本的办法不外乎"剪枝"和"内存化"。

这里，我们事先准备前 2 排的座次安排，然后生成下一排可能的安排，并递归地搜索下去。同时，把已经搜索过的结果保存到内存中，避免重复搜索（代码清单 68.02）。

代码清单 68.02（q68_02.rb）

```
W, H = 5, 6
ALL = (1 << W) - 1
# 保存各排男生人数
@boys = (0..ALL).map{|i| i.to_s(2).count("1")}

# 第 3 排座次能否安排 ( 能否接着前 2 排继续安排 )
def check(r1, r2, r3)
  result = true
  W.times{|i|                              # 确定 1 排的各个位置
    m1 = (0b111 << (i - 1)) & ALL          # 检查左右是否并列
    m2 = 1 << i                            # 检查上下是否并列
    if (r1 & m2 == m2) && (r2 & m1 == m1) && (r3 & m2 == m2) then
      result = false                       # 如果都是男生并列，则不符合要求
    end
    if ((r1 ^ ALL) & m2 == m2) && ((r2 ^ ALL) & m1 == m1) &&
       ((r3 ^ ALL) & m2 == m2) then
      result = false                       # 如果都是女生并列，也不符合要求
    end
  }
  result
end

# 生成接着前 2 排继续排的那些排的哈希表
@next = {}
(1 << W).times{|r1|         # 第 1 排
  (1 << W).times{|r2|       # 第 2 排
    @next[[r1, r2]] = (0..ALL).select{|r3| check(r1, r2,
r3)}
  }
}

@memo = {}
def search(pre1, pre2, line, used)
  if @memo.has_key?([pre1, pre2, line, used]) then
    return @memo[[pre1, pre2, line, used]] # 如果曾经搜索过
  end
```

```
  if line >= H then                          # 已搜索到最后一排
    @memo[[pre1, pre2, line, used]] = (used == W*H/2)?1:0
    return @memo[[pre1, pre2, line, used]]
  end
  result = 0
  if line == H - 1 then                      # 倒数第 2 排
    @next[[pre2, pre1]].each{|row|
      if (@next[[row, row]].include?(pre1)) &&
         (used + @boys[row] <= W * H / 2) then
        result += search(row, pre1, line + 1, used + @
boys[row])
      end
    }
  else                                       # 不是最后一排
    @next[[pre2, pre1]].each{|row|
      if used + @boys[row] <= W * H / 2 then
        result += search(row, pre1, line + 1, used + @
boys[row])
      end
    }
  end
  @memo[[pre1, pre2, line, used]] = result
end

count = 0
(1 << W).times{|r0|                          # 设置最前面那一排
  count += search(r0, r0, 1, @boys[r0])
}
puts count
```

上面这个程序可以在 2 秒左右求出正确答案。

 从一个半小时缩短到2秒啊！这样的优化好有价值！

 不仅是处理速度，这个程序在可扩展性上也更优异。不同的情况下，只需要更改一开始的常量就可以了。

 解答 13374192 种

Q69 | IQ:130 目标时间:60分钟
蓝白歌会

至此,本书终于迎来了最后一个问题。请大家回想一下每年年终的"红白歌会"[1]。为分出红组和白组的胜负,野鸟会[2]的工作人员会负责统计观众举起的红色和白色卡片的张数,这一幕大多数日本人都很熟悉(由于本书印刷颜色的关系,这里改为蓝白歌会)。

如果蓝色和白色的卡片分布过于分散,就不便于统计。因此为使结果一目了然,需要对人群进行移动调整(如果蓝色和白色人数相等,则最终两个人群之间会形成纵向或横向的分界线)。不过每次只能移动两人,并且只能是纵向或横向相邻的两人交换位置。

反复交换位置,使人群最终变为如图27①中"终止状态"的4种状态之一。求以最少步骤由起始状态变为4种终止状态之一时,移动次数最多的起始状态。

举个例子,假设有4×4,即16个人,以8人为一组分为两组。他们的起始状态如②所示时,移动次数为8;起始状态如③所示时,移动次数为10。这种情况下,移动次数最多为10,并且像③这样的起始状态有64种(蓝色和白色对换,以及左右对换等情况也算不同的状态)。

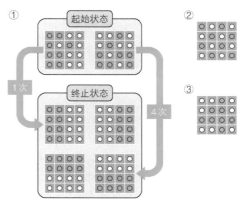

图27 蓝色和白色的移动示例

---

① 起源于1951年的大型音乐节目,由日本广播协会(NHK)举办,每年12月31日晚上直播。参赛者按照性别分为两组,女歌手为红组,男歌手为白组,交替演出。投票规则每年略有不同,有些年份会让现场观众也参与投票,比如让观众举起白色或红色的卡片来进行统计。——译者注

② 日本野鸟会,以保护和调查野生鸟类,保护自然生态为目的的公益组织,曾多次在日本红白歌会上负责统计举红色和白色卡片的人数。——译者注

问题

当有 6×4，即 24 个人，以 12 人为一组分为两组时，求移动次数最多时的
起始状态有多少种？

> 终止状态是固定的，因此我们可以用反向搜索的办法简单求解。请
> 用位运算优化一下。

思路

如果穷举所有初始状态，并计算每一种状态下划分人群所需的移动次
数，那么计算量会非常大。这里我们反向倒推问题，采用从终止状态开始
进行广度优先搜索的方法。也就是 "移动可交换的两人，求恢复初始状
态需要的最少移动次数"。不过可想而知，这种方法的计算量也很大。

> 看来还是要全量搜索啊。我知道，求移动次数最少时需要用广度优
> 先搜索。

> 怎样表示人的交换也是一个问题。为节省内存开销，最好还是用比特
> 列来表示吧。

首先，用 1 表示蓝色，用 0 表示白色，从 4 种终止状态开始，两两
交换位置，求交换次数最多的情况。只有 "横向相邻" 或者 "纵向相
邻" 的两人才能相互交换，因此我们可以用位运算来表示。

如果使用位掩码，则可以通过异或运算求得交换后的组合。也就是
说，只要为需要交换的两个位置设置数字 1，并和位置对应的数字作异
或运算，就可以表示交换行为。下面先结合内存化的方法用 Ruby 实现
这种广度优先搜索方法试试（代码清单 69.01）。

代码清单 69.01（q69_01.rb）

```
# 把终止状态设置为初始值
memo = {0x000fff => 0, 0xfff000 => 0, 0xcccccc => 0,
0x333333 => 0}
queue = memo.keys
W, H = 4, 6
```

```
# 指定可交换的位置
mask = []
(W * H).times{|i|
  mask.push((1 << 1 | 1) << i) if i % W < W - 1   # 横向相邻
  mask.push((1 << W | 1) << i) if i < W * (H - 1) # 纵向相邻
}

depth = 0
while queue.size > 0 do      # 遍历所有情况
  p [depth, queue.size]
  depth += 1
  next_queue = []
  queue.map{|q|
    mask.each{|m|
      # 遍历未搜索的部分，两个位置 "都是 0" 或者 "都是 1" 的情况除外
      if ((q & m) != 0) && ((q & m) != m) && !memo.key?(q ^
m) then
        memo[q ^ m] = depth
        next_queue.push(q ^ m)
      end
    }
  }
  queue = next_queue
end
```

 从程序的输出可以很清楚地看到当前正在遍历不同移动次数的情况。

　　这个方法的难点在于会花费大量的处理时间。上述代码清单用我手上的计算机大约需要 30 秒才能执行完毕。下面，我们用 C 语言重写。代码清单 69.02 这个版本除了用数组代替了哈希表以外，其他处理内容几乎一致（注释省略）。

代码清单 69.02（q69_02.c）

```
#include <stdio.h>

#define W 4
#define H 6

char memo[1 << (W * H)] = {0};
int queue[1 << (W * H)] = {0x000fff, 0xfff000, 0xcccccc,
0x333333};
```

```
int mask[W * (H - 1) + (W - 1) * H];
int i, j, mask_count, start, end, temp, depth;

int main(int argc, char *argv){
  depth = 1;
  for (i = 0; i < 4; i++){
    memo[queue[i]] = depth;
  }
  mask_count = 0;
  for (i = 0; i < W * H; i++){
    if (i % W < W - 1) mask[mask_count++] = (1 << 1 | 1) << i;
    if (i < W * (H - 1)) mask[mask_count++] = (1 << W | 1) << i;
  }
  start = 0;
  end = temp = 4;
  while (end - start > 0){
    printf("%d %d\n", depth - 1, end - start);
    depth++;
    for (i = start; i < end; i++){
      for (j = 0; j < mask_count; j++){
        if (((queue[i] & mask[j]) != 0) &&
           ((queue[i] & mask[j]) != mask[j]) &&
           (memo[queue[i] ^ mask[j]] == 0)){
          memo[queue[i] ^ mask[j]] = depth;
          queue[temp++] = queue[i] ^ mask[j];
        }
      }
    }
    start = end;
    end = temp;
  }
  return 0;
}
```

 虽然处理过程一样，但用 C 语言改写后，处理时间缩短到了 1.5 秒。由此可见，像这样的问题，用编译型语言可以实现快速处理。

Point

　　下面再进一步优化一下吧。由于蓝色和白色反转并不会影响最终结果（只需要进行一半搜索，最后再把结果乘以 2 即可），因此可以同时进行搜索。这里修改了上述 Ruby 代码，具体如代码清单 69.03 所示（只有更改部分加上了注释）。

代码清单 69.03（q69_03.rb）

```
memo = {0x000fff => 0, 0xfff000 => 0, 0xcccccc => 0,
0x333333 => 0}
queue = [0x000fff, 0x333333]   # 只保留左上为 0 的初始值
W, H = 4, 6

mask = []
(W * H).times{|i|
  mask.push((1 << 1 | 1) << i) if i % W < W - 1
  mask.push((1 << W | 1) << i) if i < W * (H - 1)
}

depth = 0
while queue.size > 0 do
  p [depth, queue.size * 2] # 答案乘以 2
  depth += 1
  next_queue = []
  queue.map{|q|
    mask.each{|m|
      if ((q & m) != 0) && ((q & m) != m) && !memo.key?(q ^
m) then
        memo[q ^ m] = depth
        # 缓存按位取反的结果
        memo[(q ^ m) ^ ((1 << W * H) - 1)] = depth
        next_queue.push(q ^ m)
      end
    }
  }
  queue = next_queue
end
```

　　用这种方法可以减少一半处理时间。如果用 C 语言实现同样的逻辑，处理时间能控制在 1 秒以内。

解答　**4 种**

（需要移动 20 次）

→ Column

桌面调试①现在还行得通吗

写这本书的时候,我最在意的是代码跟踪的方法。从很早开始,在要确认程序运行的地方加一句 printf 之类的代码来查看其输出的办法就广为使用。并且,因为反复编译执行会很浪费时间,所以以前常常会在编译前做桌面跟踪调试。不过,最近的开发环境已经可以按步执行,因此查看变量的值也变得很简单。

当然,给"本周算法"栏目出题时我想,应该有很多读者会复制并粘贴答案中的源代码来自己确认执行过程。但是,一旦源代码出现在书中,很多人就需要做桌面跟踪调试了。可是肯定会有人坐在车里,或者趴在被窝里读这本书吧?相比起直接展示源代码而言,用图形讲解也许是更好的办法。

不过,我个人一直到现在还常常做桌面调试。我经常能在读打印出来的源代码时发现程序漏洞。其实即便是现在,我也常常在参加编程考试时阅读印刷在试卷上的源代码,并且很喜欢纸质书。

那么大家呢?现在还做桌面调试吗?

---

① Desk Debug,即把程序代码打印出来,通过读代码来调试程序。

——译者注